细菌简史

与人类的永恒博弈

陈代杰 著

薛原楷 漫画绘制

倪兵 殷瑜 照片制作

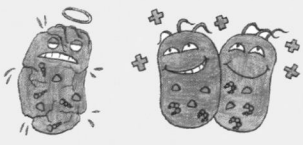

化学工业出版社

·北京·

图书在版编目（CIP）数据

细菌简史：与人类的永恒博弈/陈代杰，钱秀萍编著.
北京：化学工业出版社，2014.11（2024.10重印）
ISBN 978-7-122-21743-1

Ⅰ.①细… Ⅱ.①陈…②钱… Ⅲ.①细菌－普及
读物 Ⅳ.①Q939.1-49

中国版本图书馆CIP数据核字（2014）第204288号

责任编辑：傅四周 刘莉珺 　装帧设计：王晓宇
责任校对：陶燕华

出版发行：化学工业出版社
　　　　　（北京市东城区青年湖南街13号 邮政编码100011）
印　　装：北京瑞禾彩色印刷有限公司
880mm×1230mm　1/32　印张7½　字数166千字
2024年10月北京第1版第17次印刷

购书咨询：010-64518888
售后服务：010-64518899
网　　址：http://www.cip.com.cn
凡购买本书，如有缺损质量问题，本社销售中心负责调换。

定　　价：35.00元

序

　　细菌为微生物中的一类，形状细短，结构简单，是自然界分布最广、个体数量最多的生命体。细菌对人类、动物和环境既有危害也有益处，既有像对抗生素产生高度耐药、致人疾患、威胁人类生命健康的"超级细菌"，又有像双歧杆菌这样有助于维护人体肠道菌群平衡、抵御病原菌的"患难之交"。客观、生动地展示细菌的本来面目，加深民众对细菌这一微小神奇生命的了解，我国科普大师高士其在这方面做过重要的贡献，他以《细菌的衣食住行》《细菌世界历险记》等一系列科普小品唤起了人们对细菌的广泛关注。

　　陈代杰教授从事微生物药物研究开发与教育工作30多年，在细菌耐药性研究及抗生素药物创制方面积累了丰富的经验，取得了重要的成果，他在著书立说方面笔耕不辍。他笔下的《细菌简史——与人类的永恒博弈》一书讲述的就是作为人类敌人的细菌如何致人疾患、肆虐生灵和"草菅人命"，作为朋友的细菌又是如何造福人类、惠及衣食住行。全书图文并茂，深入浅出，读来有一种开卷有益之感。

　　近年来，我国科普佳作尤少，陈教授的这本科普作品是这方面的有益尝试，或许能成为宣传细菌知识的利器，遂欣然作序。

中国科学院院士　韩启德

　　"细菌"这个名词可以说家喻户晓妇孺皆知。不过，亲爱的读者，请发自内心问一问，你对它到底了解多少？也许当你一听到细菌两字，就自然与疾病联系起来，对细菌的狰狞面目"毛骨悚然"。不错，本书主要讲述的就是作为敌人的细菌是如何致人疾患、肆虐生灵和"草菅人命"的，告诉你发生在人类与细菌之间旷日持久惊心动魄的"永恒战争"。你会惊奇地发现：致病细菌入侵人体的武器装备如此精良，攻击人体的战略战术如此高超；而奋然阻击入侵者的人体免疫系统如此迅速和有效地在体内展开着无声大战；"神药"青霉素和链霉素的发现和应用如此光彩夺目；科学家针对敌情设计的药物能够做到知己知彼百战不殆，但道高一尺魔高一丈的狡猾细菌为了躲避药物追杀策动的反击又如此猖狂，让你既喜还忧，惊心动魄；人类为了赢得这场战争的胜利，一直在与威胁人类生命健康、"刀枪不入"的超级细菌展开着殊死的攻坚战役，究竟鹿死谁手……亲爱的读者，你也许不曾知道，其实很多细菌是人类的朋友。没有细菌就没有生生不息的人类生命，就没有日新月异的社会进步，也没有五彩缤纷的大千世界。因此，本书还讲述作为朋友的细菌如何造福人类。读者可以看到：与人体和平共处相得益彰的有益菌，用于防病治病的微生物药物

和微生态制剂，后化石时代的生物能源和生物冶炼，美味可口的发酵食品，现代农业中的生物防治、生物肥料和生物饲料，环境保护和环境修复中的生物降解和生物治理等，无不都是细菌的"丰功伟绩"。

亲爱的读者，当你读完这本书，你会真正感知细菌的可亲可爱和可憎可恨，感知人类发现细菌、利用细菌、征服细菌的聪明才智和无比勇气，感知细菌与人类之间博弈的功过是非，进而评判谁将是最后的胜者；同时，当细菌侵袭机体时，也必将更加理性地面对，配合医生有效地对付"敌人"；也希望你能把这些知识结合你的切身体会传递给家人和朋友，让我们多一份智慧，少一丝忧虑。相信这是一本值得一读并备于案头的读物。

书中二维码链接的资料源自上海市科协和上海新闻广播联合制作的节目"十万个为什么"中作者的访谈录音等，在此谨对制作方表示感谢。

由于作者知识面有限，书中可能存在不妥甚至讹误，恳请读者不吝赐教。

编著者

2014年9月

细菌简史

与人类的永恒博弈

目录

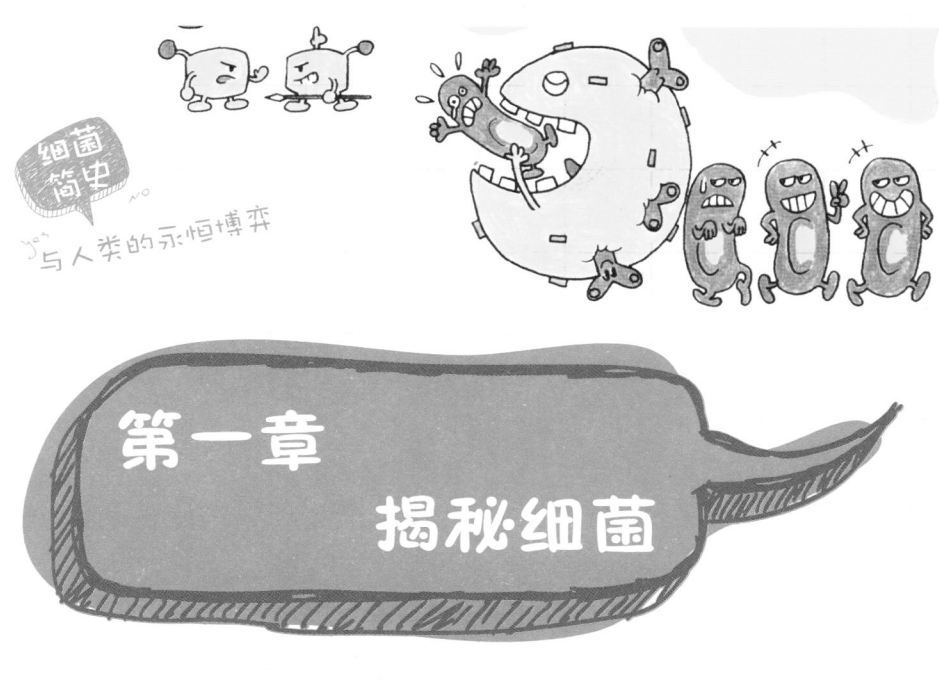

细菌
简史
与人类的永恒博弈

第一章
揭秘细菌

导读

　　或许，你对"细菌"这个名字并不陌生，但是你可知晓，那些眼睛看不见的细菌长什么样子，到底有多小，分布在哪里？你可了解，细菌的构造是怎样的，是如何繁殖后代的？你可知道，细菌是怎么被发现的，先驱们的哪些伟大贡献才使我们对细菌有了更好的了解？

在生机盎然的自然界，你观赏过神态各异的动物、绚烂多姿的植物，但是，还有一种个体非常微小的神秘群体，你了解吗？那就是微生物。微生物一般指体形在0.1毫米以下的小生物。微生物种类繁多，人们经常听到、看到和接触到的微生物有病毒、霉菌、酵母和细菌等。这里主要给大家介绍微生物世界中的一员——细菌。

细菌是地球上最早的"居民"。35亿年前地球上就已经有了它们的踪迹，而人类的出现只有几百万年的历史。个体微小的细菌获得了高等生物无法具备的五大特征，即体积小面积大、吸收多转化快、生长旺繁殖快、适应强变异频、分布广种类多。细菌无处不在，人们只要用适当的方法就可以几乎从地球的任何一个角落找到这些微小的精灵。图1-1所示为用显微镜才能观察到的各种拟人化的，寄住于动物、植物、土壤、水域和空气等处的细菌。

图1-1　无处不在的微小精灵

细菌长什么样

　　细菌是单细胞生物，也就是说，一个细胞就是一个个体。

　　尽管我们用肉眼难以看清细菌长什么样子，但借助于显微镜，我们能够把细菌的模样看得一清二楚，可谓是婀娜多姿、形态迥异。但最为常见的有三种模样：球状、杆状和螺旋状，分别被称为球菌、杆菌和螺旋菌。

细菌长什么样子

球菌

　　细菌细胞分裂后，新个体分散而单独存在，为单球菌，如藤黄微球菌；两个细胞成对排列，为双球菌，如肺炎双球菌；多个细胞排成链状，为链球菌，如乳链球菌。经两次分裂形成的4个细胞联在一起呈田字形，为四联球菌，如四联微球菌。细胞沿着三个互相垂直的方向进行分裂，分裂后的8个细胞叠在一起呈魔方状，为八叠球菌，如藤黄八叠球菌。细胞无定向分裂，形成的新个体排列成葡萄串状，为葡萄球菌，如金黄色葡萄球菌。图1-2为几种球菌以及球菌分裂过程和排列。

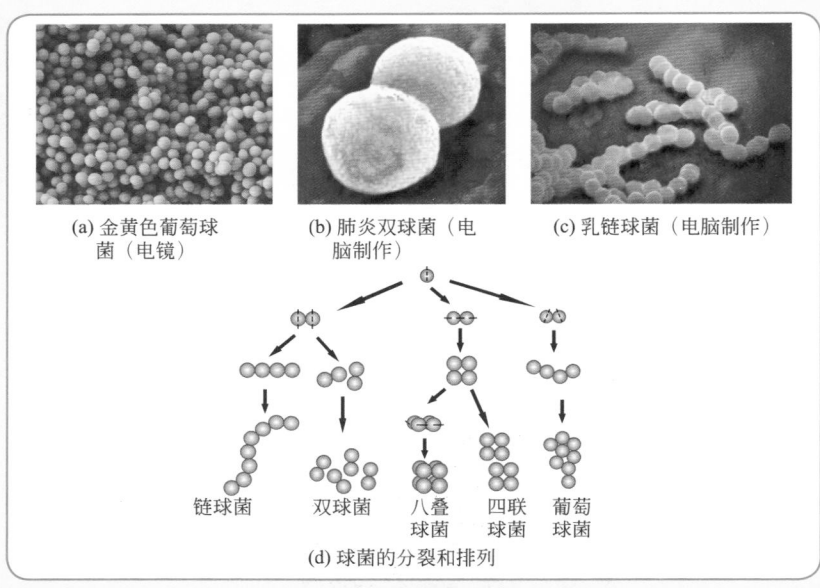

(a) 金黄色葡萄球
菌（电镜）

(b) 肺炎双球菌（电
脑制作）

(c) 乳链球菌（电脑制作）

链球菌　　双球菌　　八叠　　四联　　葡萄
　　　　　　　　　　球菌　　球菌　　球菌

(d) 球菌的分裂和排列

图1-2　球菌及其分裂和排列

杆菌

　　杆菌菌体的两端形态各异，有的钝圆，有的平截，有的则略尖。杆菌的长度与直径比例差异很大，有的粗短，有的细长，有的在"身体"上还会长出被称为鞭毛和菌毛的"胡须"。图1-3为大肠杆菌的电镜照片。

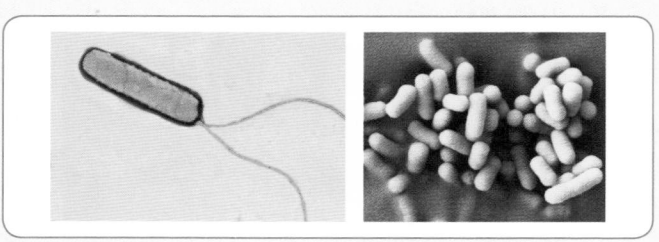

图1-3　大肠杆菌（左：扫描电镜，右：透射电镜）

螺旋菌

螺旋菌可谓是"舞动的杆菌"，也就是细胞呈弯曲状的细菌。根据细胞弯曲的程度和硬度，常将其分为两种类型。第一种为弧菌，细胞短，仅有一次弯曲，呈弧状，如霍乱弧菌；第二种为螺菌，细胞为两次以上弯曲，呈螺旋形，较坚韧，如幽门螺杆菌。图1-4为电脑制作的螺旋菌。

除此之外，还有许多其他形态的细菌，如长有附属丝和柄的细菌，丝状、星形和方形的细菌等。图1-5为特殊形态细菌的模样。

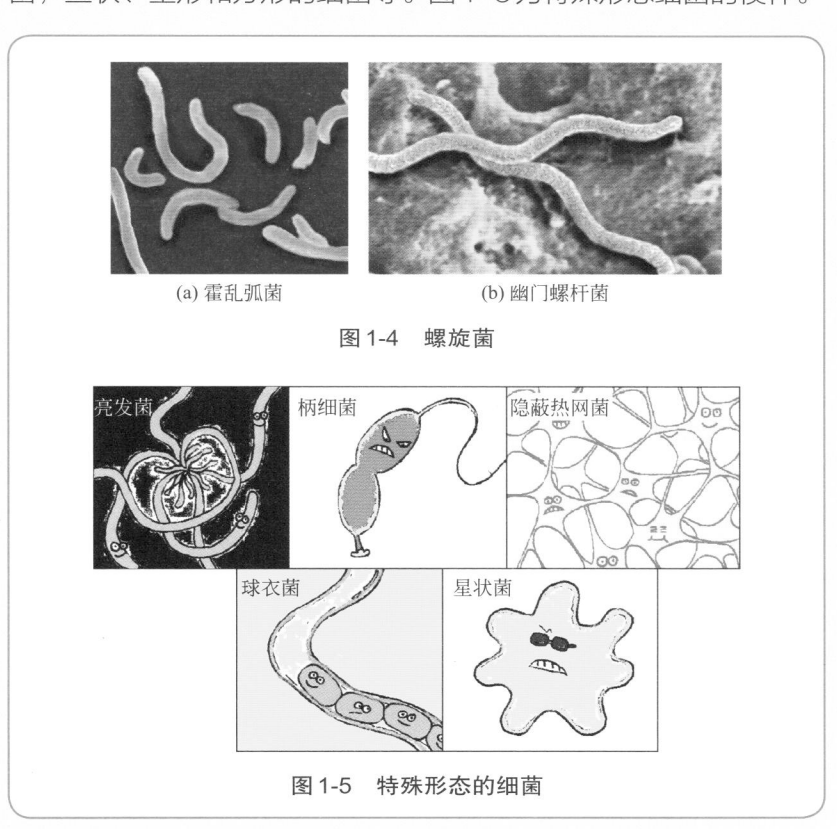

(a) 霍乱弧菌　　　　　(b) 幽门螺杆菌

图1-4　螺旋菌

图1-5　特殊形态的细菌

在不同的生长阶段和生长条件下，细菌的模样会有很大的变化。一般幼龄细菌或在适宜生长条件下的细菌形态正常、整齐，表现出特定的形态，而老龄细菌或在不正常的条件下的细菌会呈现不规则的异常形态。比起动植物来，细菌的模样变化更加令人难以捉摸。

细菌有多大

细菌个小体轻，小到你用肉眼看不见，轻到你无法称出它的质量。

细菌只有在显微镜下放大几百倍到上千倍才能观察到。用测微尺在显微镜下可以测量细菌的大小，也可以通过投影或照相制成图片，再按放大倍数测算。测量细菌大小的单位是微米（1000微米等于1毫米）。

以大肠杆菌为例，它的平均长度为2微米，宽度为0.5微米。1500个大肠杆菌头尾相接"躺"成一列，也只有一颗芝麻（3毫米）那么长；120个大肠杆菌"肩并肩"紧挨在一起，刚抵得上一根头发丝（约60微米）那么宽。

细菌的质量更是微乎其微，10亿个大肠杆菌的总质量也只有1毫克。

最大的细菌

1999年4月《科学》（Science）杂志报道了德国麦斯宾克海洋微生物学院的生物学家舒尔斯在非洲纳米比亚海岸的海床沉积

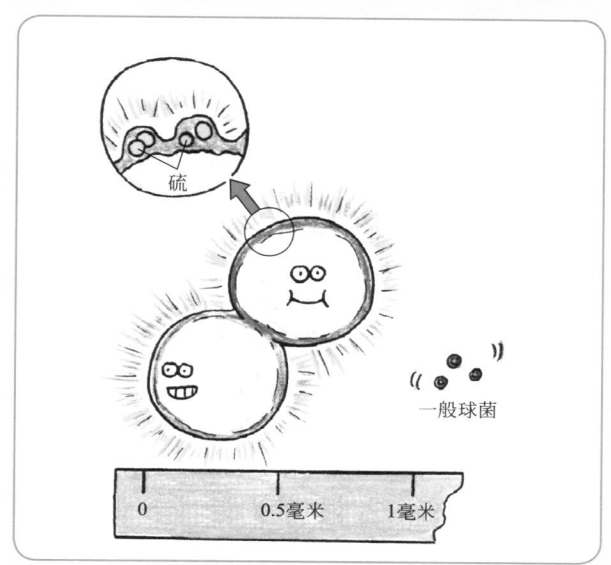

硫

一般球菌

0   0.5毫米   1毫米

图1-6　纳米比亚硫黄珍珠菌

箭头所指是细菌发亮的原因—细胞内有大量的硫

物中发现的细菌，该球菌平均直径是0.1 ~ 0.3毫米，最大的可达0.75毫米，是一般球菌的100 ~ 300倍（图1-6）。传统细菌与这种巨大细菌相比，就犹如新生小鼠与海中蓝鲸之别。这是迄今用肉眼可以看见的世界上最大的细菌。

在自然状态下，这种细菌存活于缺乏氧气但硫化氢浓度高的海底沉积物中，因为细菌含有微小的硫黄颗粒，所以呈现闪烁的白色。当它们排列成一行的时候，就好像一串闪亮的珍珠链。因此，舒尔斯和其他研究人员便把它命名为"纳米比亚硫黄珍珠菌"。尽管硫化氢对动物极毒，却是这种细菌的食物，因为它们可以利用自己细胞内部的硝酸盐将硫氧化以获得能量。它的发现意义在于，提供了地球硫循环和氮循环之间偶合作用的确切证据。

最小的细菌

1997年，芬兰科学家Kajander等进行哺乳动物细胞培养时发现一种能通过100纳米滤菌器的细菌，其大小为一般细菌的1/20，是至今发现的最小的细菌，所以命名为纳米细菌。大量的研究发现，纳米细菌与很多疾病的发生有关。美国宇航局的学者认为它会导致宇航员产生肾结石，存在于肾结石的磷酸钙中心部位。宇航局为了研究纳米细菌的特性，把它放进生物反应罐里，模拟太空的环境。在微重力条件下，纳米细菌复制的速度比在正常地球引力下快5倍。纳米细菌也可能在生活于狭小空间的宇航员之间传染。在其他相关疾病中也发现了这种神奇的小东西，如阿尔兹海默病、心脏病、前列腺炎以及一些癌症。

无处不在的"小·精灵"

尽管我们用肉眼看不见细菌，但是在地球上，从喧闹的城市到寂静的森林，从白雪皑皑的高山到烟波浩瀚的大海，从高温多雨的热带到人迹罕至的沙漠，从冰天雪地的两极到热气腾腾的火山，从动植物的表面到它们的"内脏"，从飘浮于空气中的尘埃到沉寂千年的化石，到处都有细菌的踪迹。细菌真可谓处处为家。

人可以说是生活在细菌的海洋中。当你游玩或学习时有无数的细菌"陪伴"着你，在你那整洁安静的宿舍里也有数不清的细菌与你"共聚一室"。我们日常生活的环境和接触的物品，如抹布、门帘、门把手、案板、钱币、公用电话、书报、桌椅、电器开关和卧具等，甚至某些食物常被一些细菌污染。据调查，每只脏手携带

40万个细菌；在抽查的700张人民币上，竟有440张检出标示肠道细菌污染的大肠杆菌。

人体细菌知多少

不要以为你特别爱清洁，细菌就不喜欢你；也不要以为在你的身体上细菌愈少愈好。科学研究表明，当你呱呱落地那一刻，细菌就以各种各样的方式和途径开始"入侵"你的身体，并进行生长和繁殖。科学家推测，在一个成年人身体上"安营扎寨"的细菌数量有上万亿个，有400多种。细菌的数量占到了人体所有活细胞（既包括组成人体本身的所有活细胞，也包括生活在人体中的所有微生物）的90%。细菌最喜欢驻扎的人体部位包括口腔、鼻孔、胃肠道和皮肤等。

口腔 一个人的口腔中有多少细菌？新生儿的口腔本无细菌，但随着"哇"的一声问世，细菌就随着空气进入口腔寄生。据专家推测，一个洁净的口腔，每颗牙齿表面有1000～100000个细菌；而一个不甚洁净的口腔，每颗牙齿表面可有1亿～10亿个细菌；1毫克的牙菌斑中有数亿个细菌。

为什么人的口腔会有这么多的细菌呢？因为人的口腔湿度为100%，温度为37℃左右，再加上呼吸、说话及一日三餐，给细菌提供了充分的养料和氧气，成为细菌生长繁殖的温床。

细菌也像人类一样，有着不同的种族和群体，且在口腔中占据各自的生存空间。有的喜欢群居于两颊，有的喜欢扎堆在舌腹，有的喜欢会集于舌背，而厌氧菌更喜欢群居于牙齿缝隙之间。

在正常情况下，尽管口腔中驻扎着葡萄球菌、链球菌、大肠杆菌等几百种细菌，但人仍然"安然无恙"，有的细菌甚至能帮助消

化食物而有益于人。但当人体过度劳累、免疫力下降时，或是受到其他因素刺激时，有些细菌就会大量繁殖，形成慢性感染灶，最常见的是牙周炎。由于口腔位于呼吸道、消化道的上游，口腔感染后极易导致咽喉炎、扁桃体炎、气管炎、肺炎、胃溃疡、肠结核等疾病。同时，口腔炎症还可波及鼻腔和中耳。有研究表明，胃炎、胃溃疡的"元凶"幽门螺杆菌不仅可以在胃幽门部位检出，也能在口腔中查出。

鼻孔　鼻孔里的细菌都裹挟在呼吸时过滤空气的鼻毛之间。这些细菌大都是像葡萄串一样聚集的金黄色葡萄球菌，在鼻腔深处则有大量的呈链状相连的链球菌。在健康状态下，鼻腔中还可检测出伪白喉杆菌、非致病性奈瑟菌、微球菌、丙酸杆菌、普氏菌、厌氧球菌、梭杆菌以及少量嗜血杆菌、肺炎球菌、脑膜炎奈瑟菌等。据专家推测，你每分钟要呼出500个细菌，打一个喷嚏则飞出4000个细菌。

正常情况下，鼻腔能保证上述细菌不超过人体可承受的数量。若遇诱发因素，如受凉、淋雨、过度疲劳等，上述细菌得以在鼻腔内大量繁殖，易恶化为鼻窦炎。鼻窦炎病变严重时，可扩散并侵犯邻近组织，诱发骨髓炎、眼眶蜂窝织炎、软脑膜炎和脑脓肿等，甚至导致败血症。

胃肠道　栖息于人体的上万亿个细菌，95%左右存在于肠道尤其是大肠中，几乎占干粪便质量的30% ~ 50%。按细菌对人体的影响，可分为有益、有害、无害三类。

有益细菌对人体吸收营养、保持健康起着积极作用。人在吃完一餐饭后，4 ~ 8小时之间，70%的食物被消化吸收，胃肠道细菌的作用"功不可没"。同时，一些有益细菌能够抑制有害细菌的生长，抵抗病原菌的感染；合成人体需要的 B 族维生素；生产有机酸；刺激肠壁蠕动促进排便；抑制肠道中的腐败，净化肠道环境；分解有毒致癌物质，提高人体免疫功能；降低血液胆固醇以及延缓衰老等。

人体中的有益细菌主要是双歧杆菌、嗜酸乳杆菌等。双歧杆菌是绝对厌氧菌，栖息在缺少氧的大肠中，而嗜酸乳杆菌是兼氧菌，存在于小肠中，稍有些氧对它的生长也无妨。

肠道中的有害细菌有产气荚膜梭菌、韦荣菌、拟细菌、假单胞菌等，它们在大肠中分解食物残渣，产生氨、吲哚、粪臭素、亚硝胺等有毒化合物。这些有毒化合物若被人体长期吸收，会加速衰老，降低免疫力，引起各种疾病。人胃中的幽门螺杆菌能导致胃炎，这是最常见的导致胃溃疡的原因，并且可能引起胃癌。

人体中的双歧杆菌随年龄而异，婴幼儿最多，占人体细菌量的95%以上，随着年龄的增加而逐渐减少。到了老年，体内双歧杆菌减少到仅存百分之几。体弱多病的人，其肠道环境与衰弱老人相仿，腐败菌多而有益菌少。大凡健康的人，其肠道中有益菌多而腐败菌少，因此，肠道有益菌的多少是判断人体健康的晴雨表。

在正常情况下，三类细菌之间保持着相互制约的某种平衡，一旦平衡被打破（如大病、大手术后、化疗、放疗、长期使用抗生素、衰老、情绪压抑、缺乏免疫力等），有害菌占了上风，肠功能发生紊乱，就易得病。即使是人体中的正常细菌大肠杆菌，虽然平时与人体和平共处，并可合成人体所需的某些B族维生素，但若繁殖过多，它也会兴风作浪，产生有毒物质，引起胀气，引发腹泻等疾病。

胃肠道菌群失调后最典型的症状是便秘。那么，菌群失调为何会导致便秘呢？已有的科学研究告诉我们：食物经胃液消化，进入

肠道之后，因为肠道内的双歧杆菌和其他有益菌群的失衡，造成了对食物消化及吸收作用的降低；并且由于有害菌的大量繁殖，使肠道内的腐败代谢物堆积，进一步形成宿便或毒素的堆积，并使消化的残渣在肠壁上形成包裹，阻碍营养的吸收，造成代谢功能的紊乱，从而引起便秘。实际上腹泻与便秘是同样的一个道理，只是走向了两个不同的极端。

当出现慢性腹泻或便秘时，应该如何尽快恢复肠道内的菌群平衡呢？我们可以直接补充双歧杆菌和乳酸杆菌等肠道有益菌，也可以补充一些能够促进双歧杆菌生长和繁殖的"双歧因子""益生元""益生因子"等。

德国科学家对欧洲、美国和日本人的粪便细菌进行遗传学普查时惊讶地发现，尽管人种不同，但所有人肠道中的细菌主要有三类。第一类是拟杆菌属，第二类是普氏菌属，第三类是瘤胃球菌属。不同人的这三类菌属中有一种占主要优势，或者其中一种明显居多，因而居多的一种细菌就是某人所拥有的优势菌属。

皮肤　人的皮肤表面布满了细菌。每平方厘米皮肤表面大约含有1万～10万个细菌。皮肤上最常见的细菌有两种：一种是疮疱棒杆菌，如果它堵塞毛孔的话，就会造成痤疮；另一种是表皮葡萄球菌，这是皮肤上的常见细菌，总是成团聚集。腋窝每平方厘米可达1000万个细菌。肚脐由于潮湿，可谓是细菌的"温馨家园"。

人体皮肤上的细菌不可能被完全清除。经科学统计，一般洗浴仅3小时后，皮肤上细菌的数量就可增加500倍，恢复到原来的水平。

我们知道外科医生在做手术前，双手要用肥皂反复刷洗并用消毒液严格消毒，然后才戴上无菌手套做手术。然而手术结束后，从手套内积存的汗液中，可以找到大量的细菌，其种类和数量之多令人难以想象，以至有人风趣地将这些汗液称为"手套汤"。这么多的细菌是从哪里来的呢？原来，医生的双手虽然经过刷洗、消毒，但隐藏在汗腺、皮脂腺等皮肤深处的细菌很难除去。随着排汗和皮脂的分泌，它们不断跑到皮肤表面而且不停地繁殖。细菌繁殖的速度是很快的，哪怕只有10个细菌经过3小时就会变成5000～40000个，足以重新污染双手。所以，外科医生用的消毒液应当在较长时间里持续发挥作用，不断抑杀来自皮肤深部的细菌，以阻止双手的再次污染。

细菌无处不在，无孔不入，人体不可避免地会沾染上各种细菌，其中不乏具有强大致病力的细菌，如溶血性链球菌、金黄色葡萄球菌、沙门菌及结核杆菌等。有害的细菌平时附着在人体皮肤表面或潜伏在人体内部，当病菌大量繁殖，超过人体免疫系统的防卫能力时，或由于身体状况欠佳、气候变化导致抵抗力下降时，或皮肤表面有伤口感染时，这些细菌就会引发疾病。另外，我们平时常说的正常菌群也只是对具有相应免疫力的个体来说是不致病的，如果某一个人的正常菌群到了另一个人身上就不一定"正常"了。就某一个体来说，针对正常菌群的免疫力是有限的，如果正常菌群的种类比例、数量发生大的变化或侵入到血液中这类原来无菌的地方，就会造成感染。

潜伏在水中的细菌

在那奔腾的江河、宁静的湖泊、汹涌的大海，以及潺潺的小溪等各种水世界中都潜伏着大量的细菌部队。由于不同的水世界供给"部队"的营养物质和数量不同，细菌"部队"的数量和兵种也是

迥然不同的。

在远离人类活动区的湖泊、池塘等水域中，由于供给"细菌部队"的营养品中有机物的含量低，细菌的数量也较少，一般每毫升水中只含有几十个到几百个细菌。在这种环境下生长的细菌主要是荧光假单胞菌、色杆菌、无色杆菌、硫细菌、衣细菌、铁细菌等。

在处于城镇、工厂等地区的湖泊和河流中，由于生活污水和工业有机污水的污染，水体富含有机物，细菌含量就比较高，每毫升水中可多达几千万个甚至几亿个。细菌种类主要有芽孢杆菌、变形杆菌、大肠杆菌、粪链球菌等，有时甚至还含有伤寒杆菌、痢疾杆菌和霍乱弧菌等病原菌。水中的病原菌主要来源于人和动物的排泄物及各种病体污物。通常由于水体环境不适合病原菌的生长繁殖，这类细菌在水体中一般生存数天至数周，难以长期生存。但是，水体的流动，可能会造成病原菌的传播甚至疾病的流行。

在一望无际的海洋中，驻扎着具有特殊本领的"细菌部队"。第一种本领是不怕盐。每升海水里大约有30克盐。第二种本领是能够抵抗巨大的压力。平原环境为1个大气压，在几千米甚至上万米深的海洋有几百个甚至上千个大气压。海洋中的细菌在这样高的压力下能安然无恙地生长和繁殖。第三种本领是不怕冷，90%以上的海洋温度在5℃以下。第四种本领是吃得少，深海中营养物质较为稀少。某些浮游型的海洋细菌适应于低浓度营养的海水，一旦我们在实验室里给予丰富的营养时，它反而不生长繁殖了。海洋细菌在生态平衡中起着重要的作用。当海洋生态系统遭受某种破坏时，海洋细菌以其敏感的适应能力和极快的繁殖速度，迅速形成异常微生物区系，调整和促进新动态平衡的形成和发展。但是，在海洋中也驻扎着很多对人类有害的细菌。比如说，有一种被称之为硫酸盐还原菌的细菌特别喜欢在船体上生长，大量的细菌附着在船体上，不仅对船体造成很大的破损，同时也增加了航行的阻力。

俗话说，病从口入。因为水中有这么多的细菌，所以我们一定要管好饮用水的质量。由于病原菌在水中的含量较少，根据大肠杆菌与病原菌同样来自动物粪便污染的原理，可以通过检查水体中的大肠杆菌数量，来判断水体被人、畜粪便污染的程度，从而间接推测其他病原菌存在的概率。根据我国饮用水卫生标准，每毫升水中细菌总数不超过100个，每升水中大肠杆菌数不超过3个。

驻扎在土壤里的细菌

我们常说土壤是细菌的"大本营"，这是为什么呢？因为细菌在那里"吃、住"都很方便。土壤中含有丰富的动植物残体和各种无机物，它们都是细菌充足的"粮食"。土壤颗粒中的水分和空气能满足细菌生长的需要。土壤的酸碱度又近于中性，渗透压也很适宜细菌生长。因此，可以说一把土就是一个五彩缤纷的细菌世界。每克肥沃的泥土含有几十亿个细菌。即使是贫瘠的土壤，每克土中也含有几亿个细菌。土壤中的细菌种类有几百种，以杆菌为最多，其次是球菌，弧菌和螺旋菌较少。一些病原菌如炭疽杆菌、破伤风杆菌、肉毒杆菌等的芽孢能在土壤内长久生存，因此土壤易造成创伤感染。

驻扎在不同土壤环境中的细菌练就了不同的本领。科学家根据这一原理，可寻找到为人类服务的细菌"特种兵"。如在开采石油地区的土壤中找到能够以石油作为"粮食"的细菌；在丢弃的塑料瓶、废弃的农用薄膜附近找到了分解污染物的细菌；从采矿地区的土壤中找到能够"吃"矿金属的细菌，来帮助人们"淘金"。

飘浮在空中的细菌

空气中缺乏细菌生长所需要的营养物和充足的水分，且阳光照射时的紫外线是细菌的"死敌"，那为何还会有细菌存在呢？其实，在人们看不见、摸不着的空气中飘浮的无数细小的尘埃和水滴，是细菌的"藏身之地"。另外，一些抗紫外线和抗干燥能力较强的细菌可以在空气中存留较长时间。

空气中细菌的数量因空气洁净度不同有所差别。一般来说，哪里的尘埃多，哪里的细菌就多。陆地上空比海洋上空的细菌多，城市上空比农村上空多，杂乱肮脏的地方上空比整洁卫生的多，人烟稠密、家畜家禽聚居地的空气里的细菌最多。室内空气中的细菌比室外多，尤其是人口密集的公共场所、医院病房、门诊等处。由于尘埃的自然沉降，越近地面的空气，细菌含量越多。飞沫、皮屑、痰液、脓液和粪便等携带大量的细菌可严重污染空气。某些医疗操作也会造成空气污染，如高速牙钻修补或超声波清洁牙石时，可产生细菌气溶胶。清扫及人员走动而使尘土飞扬是医院空气中细菌的主要来源之一。因此，生活在闹市区的人们多去城郊、公园活动，呼吸干净的空气，将会对自己的身体健康大有裨益，尤其是森林公园，空气洁净，细菌含量极少，是人们旅游、度假、疗养的最佳场所。

空气中没有固定的细菌种类，主要源自土壤、人和动植物中的细菌以微粒、尘埃等形式飘逸到空气中。室外空气中常见的细菌有产芽孢杆菌和产色素细菌等，室内空气中常见的病原菌有脑膜炎奈瑟氏菌、结核杆菌、溶血性球菌、白喉杆菌、百日咳杆菌等。

空气中的细菌随风飘扬，也随人们的呼吸进入体内。因此，现代公共卫生很强调公共场所空气中细菌的含量，把它作为衡量空气清洁度的重要指标之一。

细菌有"五脏六腑"吗

在了解了细菌的外表模样后，我们不禁要问：细菌有"五脏六腑"吗？如果没有的话，它们怎么能够生长繁殖呢？如果有的话，它们又是怎样的呢？

细菌虽不具有像动物那样的"器官组织"，但它有自己特殊的"五脏六腑"。如果我们解剖一个细菌（也就是一个细胞），它的主要"器官"如图1-7所示。我们把这些细菌的"器官"分别称为细胞壁、细胞膜、核糖体、染色体、细胞质、荚膜、鞭毛和菌毛等。下面让我们从外到内看一看细菌的这些"器官"。

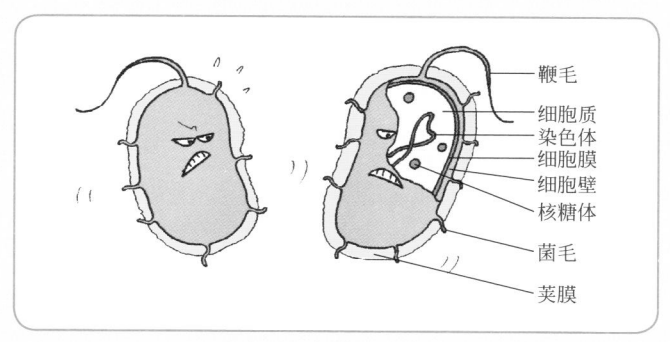

图1-7　细菌细胞的构造

犹如"胡须"的菌毛

有些细菌表面着生许多由细胞内伸出的短而直的"胡须"，它

被称为细菌的菌毛。菌毛帮助细菌互相粘连，以及能使细菌牢固地吸附在呼吸道、消化道、泌尿生殖道的黏膜表面。

犹如"辫子"的鞭毛

有些细菌表面着生一根或几根弯曲的长"辫子"，被称为鞭毛。鞭毛具有帮助细菌运动的功能。

犹如"防弹衣"的荚膜

有些细菌的细胞壁外面有一层黏稠的、厚度不一的胶状物质，这层物质被称为荚膜。它犹如穿在菌体表面的一件保护外套，使细菌能抵抗干燥环境，也能保护细菌免遭吞噬细胞的吞噬和消化作用。同时，它有利于细菌牢牢地黏附在机体表面，帮助细菌侵袭机体。

犹如"蛋黄"的遗传物质染色体DNA

如果我们把一个细菌细胞比成一只鸡蛋，那蛋黄就好比是细菌的遗传物质——染色体DNA。它与其他所有的生命体一样，是储存遗传信息的地方。一切构成细菌生命活动的物质都是在染色体DNA的遗传信息指导下制造的。

犹如"蛋壳"的细胞壁

如果我们把细菌染色体看成是蛋黄的话，那么细胞壁就如蛋壳，也犹如保护细菌的一道"城墙"。它包裹在细胞表面，是内侧紧贴细胞膜的一层较为坚韧、略具弹性的结构，具有固定细菌外形和保护细菌细胞等多种功能。

由于细菌细胞小而透明，必须对它进行染色，使染色后的菌体与背景形成明显的色差，从而在普通光学显微镜下更清楚地观察其形态。1884年一位丹麦医生革兰（C. Gram）通过初染、媒染、脱色和复染四步操作，将所有细菌区分为两大类：染色反应后呈蓝紫色的称为革兰阳性细菌，用G$^+$表示；染色反应呈红色的称为革兰阴性细菌，用G$^-$表示，如图1-8所示。大多数化脓性球菌属于革兰阳性菌，而大多数肠道菌属于革兰阴性菌。细菌对革兰染色的不同反应，其实是由于它们细胞壁的成分和结构不同而造成的。

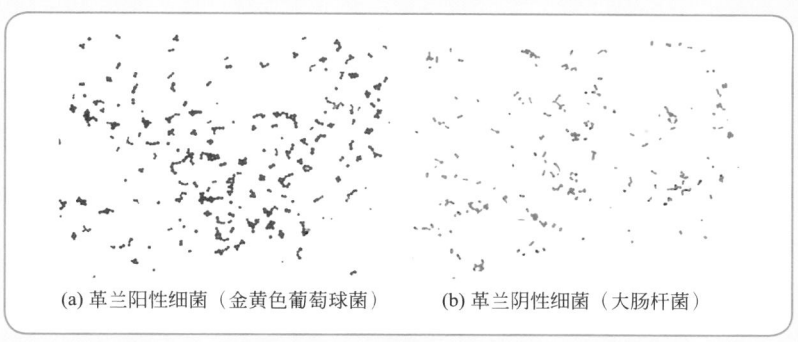

(a) 革兰阳性细菌（金黄色葡萄球菌）　　(b) 革兰阴性细菌（大肠杆菌）

图1-8　细菌的革兰染色反应

无论是革兰阳性菌还是革兰阴性菌，细胞壁主要是由一种被称为肽聚糖的物质构成。这些物质可以编织成一个机械性很强的网状结构，即犹如钢筋骨架和钢丝网构成的片层；最后再通过一种被称为磷壁酸的物质将网状结构的片层进行相互铰链，形成了一道厚厚的细菌"城墙"——细胞壁。尽管细胞内高渗透压，胞外低渗的水分子不断进入胞内，但细胞壁能够把细胞紧紧地箍住，不使细胞"溶胀"破裂，如图1-9（a）所示。而我们平时用盐腌或糖渍来

处理水果、食物，其基本原理就是外部造成的高渗透压环境，致使细胞内水分子向外渗出，导致细菌产生"质壁分裂"而死亡，如图1-9（b）所示。

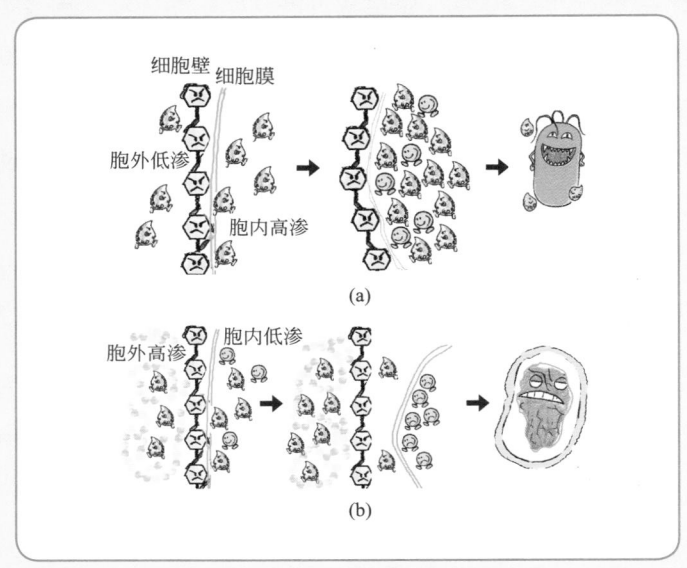

图1-9 细菌细胞壁的构造和功能

（a）水分子可以任意进出细胞壁，当胞外低渗时，水分子向胞内渗入，细胞膨胀，因有细胞壁紧箍，细胞不会胀破；
（b）当细胞在高渗环境下，胞内水分子便渗出胞外，胞质收缩，出现质壁分离现象，细胞因失水而死亡

　　所不同的是，革兰阳性菌的细胞壁简单，由厚而致密的肽聚糖组成，占90%，其余的10%为磷壁酸。革兰阴性菌的细胞壁薄而复杂，肽聚糖层仅1～2层，稀疏而机械强度差，肽聚糖层外还有脂多糖、磷脂和脂蛋白等物质组成的外膜，有时也称为外壁。图1-10为革兰阳性菌和革兰阴性菌细胞壁结构的差别。

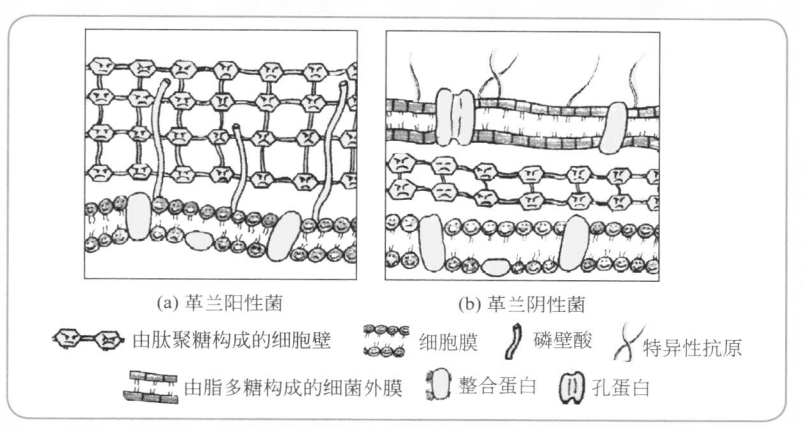

(a) 革兰阳性菌　　　　　　(b) 革兰阴性菌

由肽聚糖构成的细胞壁　　　细胞膜　　磷壁酸　　特异性抗原

由脂多糖构成的细菌外膜　　整合蛋白　　孔蛋白

图 1-10　革兰阳性菌和革兰阴性菌的细胞壁结构

犹如"糖衣"的细胞膜

　　细菌细胞膜又称细胞质膜，是一层紧贴在细胞壁内侧，包围着细胞质的柔软、脆弱、富有弹性的半透性薄膜，就如同蛋壳和蛋白之间一层薄薄的膜。你不要小看这层薄薄的细胞膜，它可是细菌代谢活动的中心，对于细菌的呼吸、能量的产生、运动、生物合成、内外物质的交换运输等均有重要的作用。

多样的细胞质内含物

　　鸡蛋的蛋白部分就好似细菌的细胞质，由细胞膜包围着。细胞质中有很多透明、胶状、颗粒状的物质，它们具有维持细胞内环境平衡、储藏营养物质等多种功能。

蛋白质合成场所——核糖体

　　核糖体由核糖核酸（RNA）与蛋白质组成，是蛋白质合成的场所。核糖体常以游离或多聚核糖体状态分布于细胞质中。

"休眠体"芽孢

有些细菌在生长发育的后期，在其细胞内会形成一个圆形或椭圆形、厚壁、含水量极低、抗逆性极强的休眠体，称为芽孢。芽孢具有极强的抗热、抗辐射、抗化学药物和抗静水压等特性，堪称生命世界之最。

细菌是如何"生儿育女"的

细菌以惊人的速度"生儿育女"。例如大肠杆菌在合适的生长条件下，12.5～20分钟便可繁殖一代（个别细菌分裂所需时间较长，如结核杆菌为18～20小时），每小时可分裂3次，由1个变成8个。每昼夜可繁殖72代，由1个细菌变成4722366500万亿个（重约4722吨）；经48小时后，则可产生2.2×10^{43}个后代，如此多的细菌的质量约等于4000个地球之重。当然，由于种种条件的限制，细菌数量的翻番只能维持几个小时，无限制的疯狂繁殖是不可能的。因为随着细菌繁殖，营养物质消耗、毒性物质积聚以及环境pH的改变等，使细菌绝不可能始终保持原速度无限增殖。经过一定时间后，细菌增殖的速度逐渐减慢，死亡细菌逐渐增加。因而在培养液中繁殖细菌，它们的数量一般仅能达到每毫升1亿～10亿个，最多达到100亿。

一个细菌繁殖成两个子代细菌，即二分裂繁殖。这是细菌最普遍、最主要的繁殖方式。在分裂前细菌先延长菌体，染色体复制为2个，并不断地分离，同时细菌细胞垂直于长轴进行分裂，在细胞"赤道"附近的细胞质膜凹陷生长，直至形成横隔膜，同时生成

新的细胞壁。这样一个细菌通过二分裂产生两个相同的子细胞。图
1-11为细菌的二分裂方式。

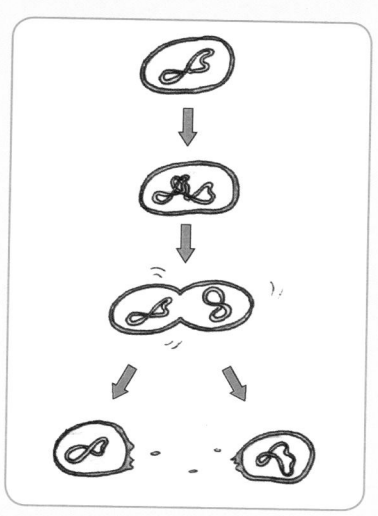

图 1-11 细菌的二分裂繁殖

菌落——裸眼看到的细菌大部队

我们的眼睛看不见单个的细菌，但是单个或少数细菌细胞在营
养基质表面吸收外界营养，生长并不断分裂繁殖，会形成以母细胞
为中心的一堆肉眼可见、有一定形态构造的子细胞团，我们把这个
细菌的"大部队"称为菌落。尽管不同的细菌，其菌落形态各不相
同，但细菌菌落有一些共同的特征，如表面湿润、黏稠、光滑、较
透明、易挑取、质地均匀，以及菌落正反面或边缘与中央部位颜色
一致等。图1-12为细菌的菌落。

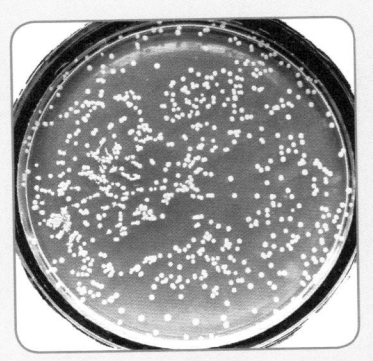

图1-12　细菌的菌落（图中的白点）

人类是如何发现和认识细菌的

　　尽管很久以来人们在生活实践中就知道某些"东西"可使食物腐败变质，并利用盐腌、糖渍、烟熏、风干等方法来防止食物变质和增加风味，但是，人类与细菌一直是"相遇而不相识"，直到荷兰科学家列文·虎克用自制的显微镜观察到了细菌，才为人们揭示了微妙的细菌世界，而法国科学家巴斯德和德国科学家科赫的工作真正掀开了人类认识细菌的历史。

细菌的发现与利用

研究细菌的开山鼻祖——列文·虎克

1632年，列文·虎克（Antonie van Leeuwenhoek，图1-13）出生在荷兰东部的小城市代夫特，16岁便在阿姆斯特丹的一家布店里当学徒，后来又回到代夫特开了家小布店。当时人们经常用放大镜检查纺织品的质量，但列文·虎克不满足于用放大镜来检查布匹，因此他开始学着用玻璃磨制放大镜。

1660年，列文·虎克谋到了一个新的职业，那就是代夫特市政府管理员的差事，这是一个很清闲的工作，所以他有很多时间用来磨制放大镜，而且放大倍数越来越高。因为放大倍数越高，透镜就越小，为了用起来方便，他用两个金属片夹住透镜，再在透镜前面安上一根带尖的金属棒，把要观察的东西放在尖上观察，并且用一个螺旋钮调节焦距。列文·虎克先后制作了500多架显微镜，尽管这些显微镜还不是现代意义上的显微镜，充其量是放大倍数较高的放大镜，但是，列文·虎克用这些显微镜观察雨水、污水、血液、辣椒水、腐败了的物质、酒、黄油、头发、精液、肌肉和牙垢等许多样品，而且第一个观察到了被称为"微小生物"的微生物世界。

列文·虎克先后写了300多封信给荷兰和其他国家的科学家，其中有些信由他的朋友格拉夫（Regnier de Graaf）翻译。格拉夫认为列文·虎克的工作应该让更多的人知晓，于是他催促列文·虎克同英国皇家学会联系。1676年列文·虎克以冗长的书信形式

图1-13　列文·虎克
（1632—1723）

向英国皇家学会通报了自己20多年来的观察结果，并附有图画记录了一类从前没有人看到过的微小生命——球形、杆状和螺旋形的细菌和原生动物。列文·虎克的发现引起了轰动，他以荷兰语书写的信件被翻译成英文或拉丁文连续刊登在《英国皇家学会学报》上。列文·虎克共给英国皇家学会写了190封信件，捐赠了26台显微镜。1680年，他当选为英国皇家学会会员，1699年被任命为巴黎科学院通讯员，1716年被鲁汶大学授予银奖。列文·虎克除了制作显微镜描绘观察结果外，别无爱好，直至90岁临终前36小时，他还在给英国皇家学会写信。

列文·虎克是细菌学的开山鼻祖。但是，在列文·虎克发现细菌后的200多年里，人们对细菌的认识还仅仅停留在形态描述上。直到用放大倍数更高的显微镜重新观察这些形形色色的"微小生物"，并知道细菌会引起人类严重疾病和产生许多有用物质时，人们才真正认识到列文·虎克的伟大贡献。

微生物学的奠基人——巴斯德

1822年，巴斯德（Louis Pasteur，图1-14）出生于法国杜耳，他的父亲是拿破仑大帝麾下英勇善战的骑兵军官。巴斯德从小立志要成为有专门学问的人，因此在求学期间他严格要求自己，每一科目都力求完美。1843年夏天，巴斯德进入巴黎高等师范学校，深受当时的化学大师都玛士（J. B. Dumas）的影响，一头栽进了化学的世界，开始潜心研究化学。他的教授认为：巴斯德认真、热忱、不为名利的工作态度是对教师的最好回报。25岁时，巴斯德获得博士学位，并留校担任助教。

在26岁那年，巴斯德发现了旋光性原理，这是当时许多科学

家所不能解决的大课题，因此他成
为立体化学研究的创始者。

1854年巴斯德任里尔大学
教授，专心于教学及研究当地工
业上所遇到的难题。1873年，巴
斯德当选为法国医学科学院院士。
1888年，巴斯德在巴黎成立了
一个主攻疾病治疗的研究所——
巴斯德研究所。1895年巴斯德逝
世时被誉为民族英雄，并获得了
国葬。

图1-14　巴斯德
（1822—1895）在实验室中

　　巴斯德终其一生投入科学研究，他在发酵、细菌培养和疫苗等
方面取得的重大研究成果开辟了微生物研究的新领域，成为19世
纪最有成就的科学家之一，被后人称颂为"微生物学之父"、"进入
科学王国的最完美无缺的人"。"意志、工作、成功，是人生的三大
要素。意志将为你打开事业的大门；工作是入室的路径；这条路径
的尽头，有个成功来庆贺你努力的结果——只要有坚强的意志，努
力地工作，必定有成功的那一天"，这是巴斯德关于成功的一段至
理名言。

　　生命来自于生命　　自古以来人们一直都在探寻：生命从何而
来？在东西方的古文明里记载着：腐肉生蛆，腐草化萤；希腊的爱
神亚法罗莱特是由海水的泡沫产生；只要在老鼠笼内撒些面包屑，
笼子内就会蹦出老鼠来。即生命是"自然发生"的，可以从没有生
命的物质中自然产生。

　　第一个对"自然发生论"提出怀疑的是一个名叫雷迪的意大利

苍蝇进入瓶子，在肉上产卵，孵化出蛆使肉变质

苍蝇无法进入盖了纱网的瓶子产卵，肉不变质

图1-15 雷迪质疑"腐肉生蛆"的实验

医生。他做了一个实验：把一块鲜肉分成两份，分别放入两个洁净的容器内，一个容器口上加上粗滤布，另一个容器敞口。过一段时间，他发现无罩容器内的腐肉上长有蛆虫，而有罩容器内的腐肉上却没有蛆虫。于是，雷迪断定，腐肉表面的蛆虫是由外面的苍蝇排卵所致，而不是由腐肉直接产生的。但是，一些生命"自然发生论"的支持者提出了反对意见：动植物虽然不可以自然产生，但是微生物是可以自然发生的。图1-15所示为雷迪质疑"腐肉生蛆"的实验。

这时候，巴斯德的"曲颈瓶实验"（图1-16）更强有力地驳斥了"自然发生论"。他将营养液（如肉汤）装入带有弯曲细管的瓶中，弯管是开口的，空气可无阻地进入瓶中，而空气中的细菌则被阻而沉积于弯管底部，不能进入瓶中。巴斯德用火把瓶中肉汁煮沸，杀死所有的细菌和其他微生物。然后静置，结果长时间瓶中都

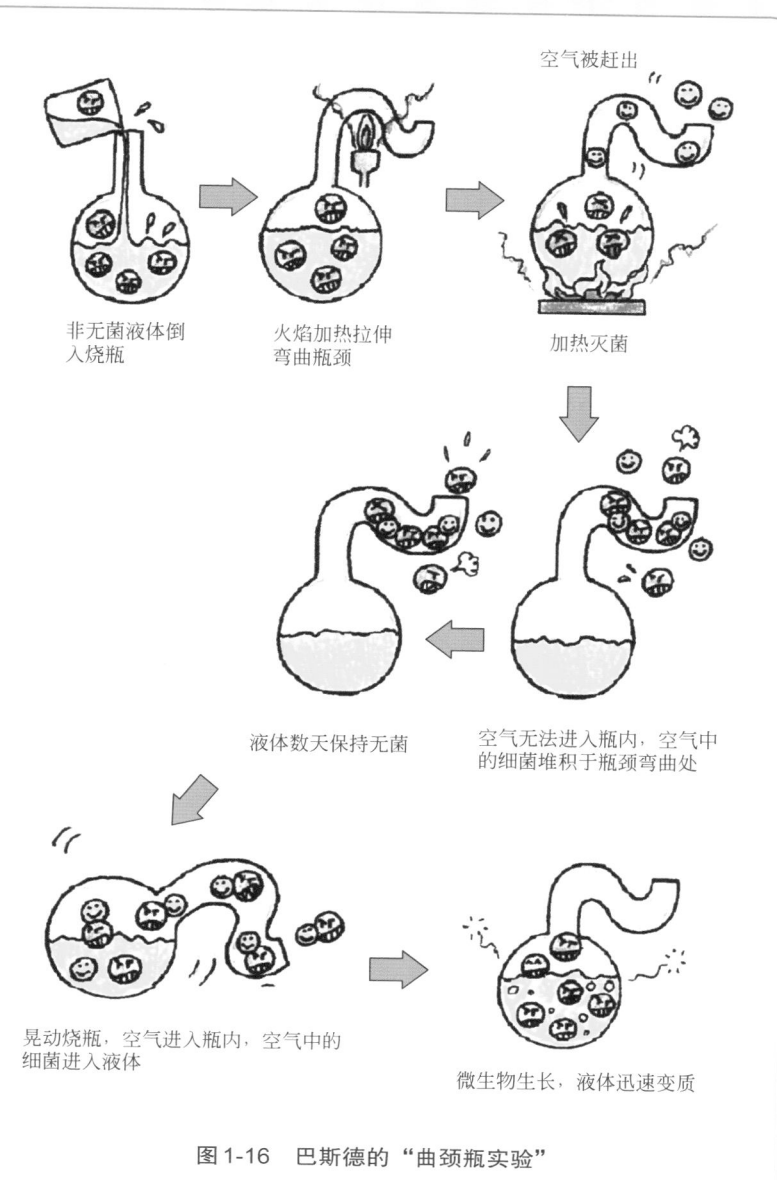

空气被赶出

非无菌液体倒
入烧瓶

火焰加热拉伸
弯曲瓶颈

加热灭菌

液体数天保持无菌

空气无法进入瓶内，空气中
的细菌堆积于瓶颈弯曲处

晃动烧瓶，空气进入瓶内，空气中的
细菌进入液体

微生物生长，液体迅速变质

图1-16　巴斯德的"曲颈瓶实验"

不会产生细菌等微生物了。这是因为外面的空气流经曲颈时，混杂在空气中的细菌等其他微生物沉淀在曲颈的底部，不能跟肉汁接触。如将曲颈管倾斜，使外界空气不经"沉淀处理"而直接进入营养液中，不久营养液中就产生许多细菌等微生物了。

巴斯德用实验证明：与其他生物一样，渺小的微生物也是不能从营养液中自然发生的，而是由空气中原已存在的微生物产生。"自然发生论"这一影响了全世界上千年的思想就此被画上休止符号。从此，微生物学研究的大门被开启了。

酒变酸的奥秘　法国的啤酒和葡萄酒酿造业在欧洲是很发达的，但酒厂常遇到这样一个问题：酒常常会变酸，整桶醇香美味的酒变成了酸得让人咧嘴的黏液，只得一桶一桶地倒掉，这使酒商叫苦不迭，有的甚至因此而破产。1865年，法国里尔城一家酿酒厂厂主请求巴斯德帮助解决葡萄酒变酸的问题，因为巴斯德当时已是有名的化学家，或许巴斯德能用化学药品来阻止葡萄酒变酸。

巴斯德并没有用化学方法来研究葡萄酒变酸的问题，而是用显微镜观察正常葡萄酒和变酸葡萄酒究竟有什么不同。他发现，正常葡萄酒中只能看到一种又圆又大的酵母，而变酸的酒中则还有另外一种又细又长的细菌（图1-17所示是在电镜下酵母和细菌的模样）。如果把这种细菌放到没有变酸的葡萄酒中，葡萄酒就变酸了。于是他把密封的酒瓶泡在不同温度的水中，试图把这种细菌杀死，但又不破坏酒的风味。经过反复多次的试验，他终于找到了一个简便有效的方法：那就是酒置于50～60℃的温度半小时，就可杀死使酒变酸的细菌，但酒味仍芳醇。从此以后，人们把这种采用不太高的温度加热杀死细菌的方法称为"巴氏消毒法"。直到今天，我们每天食用的牛奶还是采用改进的巴氏消毒法来保鲜的。

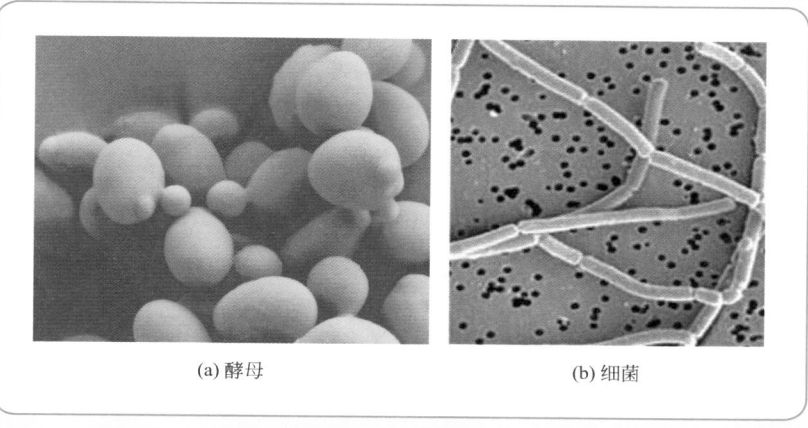

(a) 酵母   (b) 细菌

图1-17 电镜下酵母和细菌的模样

图（a）中酵母大圆球上的小圆球，是酵母正在
"生儿育女"的过程，科学上称之为"芽殖"

蚕"生病"的原因　解决了葡萄酒变酸的问题后，巴斯德在法国名声大振。这时法国南部的丝绸业因蚕茧的大幅度减产而正面临一场危机，减产的原因是一种叫做"微粒子病"的疾病使蚕大量死亡。人们又来向巴斯德求援了。尽管没有和蚕打过交道，但想到法国每年因蚕病要损失1亿法郎时，巴斯德不再犹豫了。1865年，巴斯德接受了农业部长的重托，带着他的显微镜来到了法国南部的蚕业重灾区。经过几年的工作，他发现"微粒子病"的病因是一种很小的、椭圆形的棕色微粒。桑叶刷上这种致病的微粒，健康蚕吃了会立刻染病。病蚕的粪便可以把病传染给健康蚕。巴斯德告诉蚕农必须把病蚕、蚕卵连同桑叶都烧掉，用由健康蚕蛾产的卵孵化蚕。蚕农们依照巴斯德的办法，通过检查淘汰病蚕，遏止了病害的蔓延。巴斯德挽救了法国的丝绸工业，为此受到了拿破仑三世的表彰。

巴斯德通过实验证实：蚕的传染病是由于病菌侵害所致。这项成功使巴斯德的研究兴趣转向了传染病。在他看来，既然蚕病是由微生物引起的，那么微生物也是造成人类传染病的主要原因，这样就产生了"疾病的病原说"。巴斯德的洞见被称为医学史上最伟大的发现。

"罪恶的"病菌可以变成防病的疫苗　由巴斯德发现和研究成功的霍乱疫苗、炭疽杆菌疫苗和狂犬病疫苗，开创了人类战胜传染病的新世纪，奠定了今天已经成为重要科学领域的免疫学的基础，他的历史地位再也无人能撼。详见第四章"毒力减弱的敌人是我们的朋友"。

细菌学的开拓者——科赫

1843年科赫（Robert Koch，图1-18）出生于德国哈茨附近的克劳斯特尔城。1866年科赫毕业于德国哥廷根大学医学院，后赴柏林进行6个月的化学研究，1867年到汉堡做住院医师。佛朗哥-普鲁士战争期间他是军队中的外科医生，战争结束后在东普鲁士一个小镇开业行医。行医期间他在家里建立了一个简陋的实验室，在没有科研设备、无法获得图书资料、更无法与其他科研人员交流的情况下，科赫开始了他的研究工作，并开创了微生物学研究领域的多项世界第一次：

1876年，以公开表演实验的

图1-18　科赫
（1843—1910）

方式证明炭疽杆菌是炭疽病的病因，证明了一种特定的细菌是引起一种特定疾病的原因。

1881年前后，创立了细菌的显微摄影技术、细菌显微观察的染色方法。

1882年，建立了琼脂固体培养基分离纯化微生物的技术。

1882年，分离出结核分枝杆菌。

1883年，分离出霍乱弧菌。

1884年，提出了确定病原微生物的准则。

1891～1899年，发现了鼠疫的传播媒介是鼠蚤，昏睡病是由采采蝇传播的。

1905年，由于在肺结核研究方面的贡献，科赫被授予诺贝尔医学或生理学奖。

以上这些，足以向世人展示了他的开拓性贡献，也使科赫成为细菌学的泰斗巨匠。1910年5月27日，科赫因患心脏病卒于德国巴登，终年67岁。

病原菌的"猎人"　从古至今，鼠疫、伤寒、霍乱、肺结核等许多可怕的病魔夺去了人类无数的生命。人类要战胜这些凶恶的疾病，首先要弄清楚致病的原因。巴斯德发现了羊炭疽菌是由于其血液中存在炭疽芽孢杆菌的缘故，然而，他并没有把一种微生物与它所引起的疾病对应起来。作为一个医生，科赫有全面的人体知识，而这正是巴斯德所缺乏的。此外，科赫还有精湛的实验技能，以及坚持不懈和耐心细致的科研素质。

在巴斯德研究工作的基础上，科赫开始系统细致地研究炭疽芽孢杆菌。整整3年时间，科赫全身心地寻找引起炭疽病的原因。他在牛的脾脏中找到了引起炭疽病的细菌，并且把这种细菌移种到老

鼠体内，使老鼠感染炭疽病，然后又从老鼠体内重新得到了和牛身上相同的细菌。1875年科赫确定是炭疽芽孢杆菌引起了炭疽病。这是人类第一次用科学的方法证明传染病是由病原细菌感染造成的（巴斯德发现炭疽疫苗是在1881年）。

此外，他用血清在与牛体温相同的温度条件下成功地动物体外培养了炭疽芽孢杆菌，并发现炭疽芽孢杆菌在动物死亡后相当长的时间内仍能存活，芽孢可以发育成为细菌，并可能传染给其他动物。

1882年科赫发现并成功培养了引起肺结核的病原菌——结核分枝杆菌，1883年科赫在印度分离培养出了霍乱弧菌。

"科赫法则"　科赫根据自己分离致病菌的经验，总结出了著名的"科赫法则"：一种病原微生物一定存在于患病动物体内，但

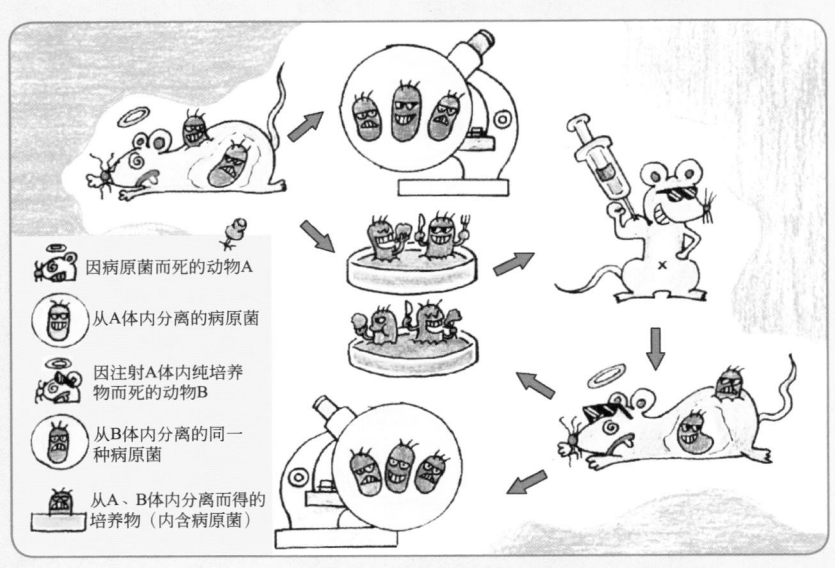

因病原菌而死的动物A

从A体内分离的病原菌

因注射A体内纯培养物而死的动物B

从B体内分离的同一种病原菌

从A、B体内分离而得的培养物（内含病原菌）

图 1-19　科赫法则

不应该出现在健康动物体内；可从患病动物分离得到这种病原微生物的纯培养物；将分离出的纯培养物人工接种敏感动物时，一定出现这种疾病所特有的症状；从人工接种的动物可以再次分离出性状与原有病原微生物相同的纯培养物。科赫法则如图1-19所示。

这个法则沿用至今，为人类的健康作出了巨大的贡献。在这个法则的指导下，19世纪70年代到20世纪的20年代成为发现病原菌的黄金时代。1883发现了白喉杆菌，1884年发现了伤寒杆菌，1894年发现了鼠疫杆菌，1897年发现了痢疾杆菌。到1900年，在短短的21年间发现21种引起疾病的细菌，"只要有了正确的方法，发现就如树上熟透了的苹果掉了下来"，正是科赫创造了"正确的方法"。

第二章
是朋友，
还是敌人？

导读

一听到"细菌"，或许你对它的印象就是"脏"、"生病"，总希望远离细菌。其实，我们的生活离不开细菌。在细菌家族中，只有极少数的细菌"专干坏事"，绝大多数的致病菌是由于"走错了地方"才致人疾病的；好多细菌具有"既干坏事也干好事"的本领；又有好多细菌基本上是"只干好事不干坏事"的。因此，细菌既是我们可亲可爱的朋友，又是可憎可恨的敌人。

　　如果我问你，你喜欢细菌吗？细菌是你的朋友还是你的敌人？或许从你的脑海中马上蹦出来"疾病"两个字。的确，许多可怕的疾病，如鼠疫、霍乱、炭疽病等都与细菌有着分不开的渊源。但是，也许你没想到，并非所有的细菌都是这么"青面獠牙"、"穷凶极恶"的，许多细菌其实还是非常"温柔可爱"的；并且，在很多情况下那些"面目狰狞"的细菌经过科学家的"改造"又会成为我们的"亲密战友"，是我们战胜疾病和保护生命健康的重要武器，还有很多细菌在工农业生产和环境保护等诸多领域中有着巨大的贡献。更多的细菌具有"两面性"，当它驻扎在合适的地方，就会成为我们的朋友，而一旦"走错"了地方，就会成为我们的敌人。所以细菌既是我们的朋友又是我们的敌人（图2-1）。

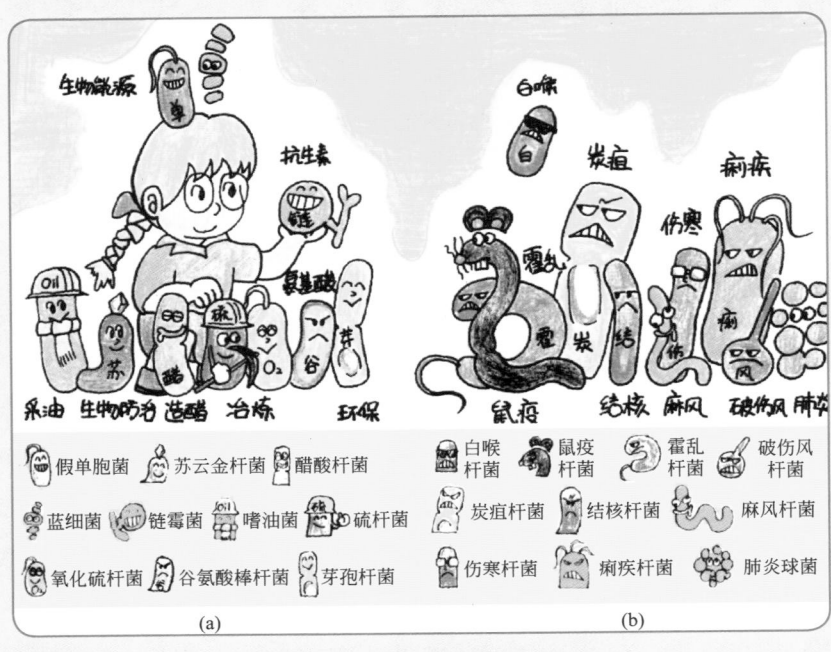

图2-1　细菌是朋友，也是敌人

细菌是人类可亲可爱的朋友

与人体友好相处

尚处在母亲体内的胎儿是很"干净"的，处于一种无菌状态，这是因为婴儿的胎盘是阻断细菌进入体内的"天然屏障"。可是，从母腹中呱呱落地之时起，就开始与细菌结下了不解之缘。细菌"无孔不入"地进入我们的体内，并开始在我们的体内聚集、驻扎、繁衍。这些"异类"会不会"喧宾夺主"，甚至"犯上作乱"，对人体造成很大的伤害呢？

正常情况下，人体除了器官内部以及血管和淋巴系统外，其余部位如皮肤、呼吸道、胃肠道和生殖泌尿道等与外界相通的腔道器官中，都有细菌的存在。这些细菌对人体不仅无害而且有益。它们与人体细胞结成利益共同体，与免疫系统一起并肩作战，共同抵御"外敌"。科学家把这些能与人体细胞友好相处并对人体有很大益处的细菌称为"正常菌群"。正常菌群与人体始终保持着平衡状态，菌群之间也相互制约，维持相对的平衡。正常菌群对人体的营养、免疫、生长发育、代谢、肿瘤发生以及衰老都有重要影响。有关的内容已经第一章中和大家谈过了。

但是在某些情况下，如长期服用抗生素和激素类药物，长期患有慢性消耗性疾病，如各种恶性肿瘤、肺结核、慢性萎缩性胃炎、严重创伤、烧伤、系统性红斑狼疮、慢性化脓性感染、慢性失血等过度消耗身体能量物质、造成机体能量负平衡的疾病，这些平衡就

会受到破坏，无害的正常菌群就可能转变为有害的致病菌，就有可能对人体造成损害甚至发生疾病。正常菌群还会东奔西串、以邻为壑，一旦走错了地方就会成为致病菌，例如，拔牙或摘除扁桃体时，呼吸道最常见的草绿色链球菌可能大量进入血液，定居在异常的心瓣膜上，会引起亚急性心内膜炎。

肠道细菌与人类健康

现代工业中屡建功勋

尽管世界上第一个用于临床治疗细菌感染疾病的抗生素——青霉素是由霉菌产生的，但在此基础上蓬勃开展的科学研究发现，有些细菌也是制造抗生素的"高手"，如枯草芽孢杆菌产生的杆菌肽和多黏芽孢杆菌产生的多黏菌素能与细菌的细胞膜相互作用，使细菌细胞的有用物质漏出细胞外，从而杀死细菌。此外，微生物中的放线菌产生抗生素的种类最多。目前临床上常用的链霉素、庆大霉素和卡那霉素等被称为氨基糖苷类抗生素，红霉素、螺旋霉素和麦迪霉素等被称为大环内酯类抗生素，四环素、土霉素和金霉素等被称为四环类抗生素，柔红霉素和阿霉素等被称为蒽环类抗肿瘤抗生素，这些抗生素都是由放线菌制造的对付"敌人"的战斗武器。关于这些武器与敌人展开战斗的惨烈场面将在以后的章节中加以描述。图2-2为杀伤"敌人"的锐利武器——抗生素。图2-3为从不同环境中分离能够产生抗生素的微生物，到抗生素的工业化生产的过程。

图2-2　杀伤"敌人"的锐利武器——抗生素

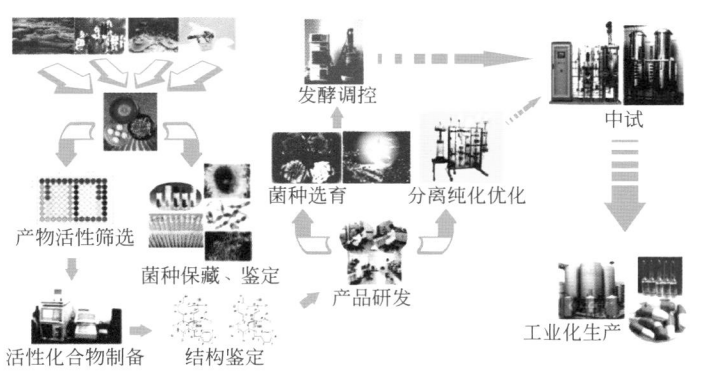

图2-3　从不同环境中分离能够产生抗生素的微生物，
到抗生素工业化生产的过程

（摘自作者主编的《新型生物产业科普》）

维生素　是维持人体生命活动必需的一类有机物质，也是保持人体健康的重要活性物质。机体对维生素的需要量很少，但维生素在人体生长、代谢、发育过程中发挥着重要的作用。因此，维生素是临床上重要的治疗药物。同时，维生素还被应用于畜牧业。

大部分维生素通过化学合成法生产，维生素B_{12}、维生素B_2、维生素C和维生素A等由微生物发酵生产。例如，用脱氮假单胞菌、傅氏丙酸杆菌和薛氏丙酸菌生产维生素B_{12}。用黑葡糖杆菌（或弱氧化醋杆菌）和氧化葡糖杆菌（或假单胞杆菌）两步发酵法生产维生素C。

氨基酸　氨基酸是生物有机体的重要组成部分，可广泛应用于医药、食品、饲料、化工产品、化妆品、保健品等各个领域。目前世界上用于药物的氨基酸及氨基酸衍生物的品种达100多种。

正常的细菌是不会积累产生过量的氨基酸的。为了获得大量的氨基酸，人们必须对细菌进行改造，破坏它们正常的代谢活动来获得高产的菌种。

生产氨基酸的细菌主要有谷氨酸棒杆菌、黄色短杆菌、乳糖发酵短杆菌、短芽孢杆菌、黏质赛氏杆菌、钝齿棒杆菌等，生产的氨基酸有谷氨酸、赖氨酸、苯丙氨酸、脯氨酸、苏氨酸、组氨酸、色氨酸、缬氨酸、甲硫氨酸、亮氨酸、异亮氨酸等。

有机酸和有机溶剂　柑橘、葡萄和柠檬等酸酸的口味是因为含有各种酸味物质，称之为有机酸。有些细菌能生产各种有机酸，如醋杆菌和葡糖酸杆菌生产食醋、乳杆菌和明串珠菌等生产乳酸、石蜡节杆菌和棒杆菌等生产柠檬酸、棒杆菌和假单胞菌生产葡萄糖酸。

乙醇、丁醇、甘油和丙酮等有机溶剂，是很多化工产品的重要原料，有些也是重要的燃料，都可用细菌发酵法生产，如梭状芽孢杆菌可用于发酵生产丁醇。

核苷酸　核苷酸中的肌苷酸和鸟苷酸，它们的鲜度是味精的数十倍，常用作调味品。生产肌苷酸的细菌是枯草芽孢杆菌、短小芽孢杆菌和产氨短杆菌，生产鸟苷酸的细菌是谷氨酸棒杆菌、产氨短杆菌。玫瑰色石蜡节杆菌和溶蜡小球菌可用于生产环腺苷酸；藤黄八叠球菌用于生产黄素腺嘌呤二核苷酸(FAD)；谷氨酸棒杆菌和产氨短杆菌用于生产烟酰胺腺嘌呤二核苷酸（NAD）；产氨短杆菌、芽孢杆菌、小球菌用于生产辅酶A。

酶制剂　牛吃的是草挤出来的是奶。这种神奇的变化之所以能发生，应该归功于生活在牛身体内的细菌。奶牛的饲料主要以粗饲料牧草为主，这些粗饲料牧草含有大量的纤维素，细菌能够产生纤维素酶，在奶牛反刍过程中分解纤维素，产生更易被奶牛吸收的营养成分——单糖及一些小分子多糖，然后再通过一系列的代谢，成为蛋白质含量极高的牛奶。将细菌产生的不同的酶分离出来，就可以制备成各种不同的酶制剂。用细菌发酵的方法生产酶，具有产率高、质量稳定和规模化生产容易等优势。图2-4为奶牛体内产生的纤维素酶将草转变为牛奶的过程。

虽然细菌能够产生各种各样的酶，但现在能生产的酶制剂只是其中很小的一部分，如枯草芽孢杆菌和地衣芽孢杆菌生产的淀粉酶、蛋白酶和脂肪酶，大肠杆菌生产的天冬酰胺酶等。淀粉酶在工业上的主要用途是将淀粉水解成为葡萄糖或其他糖；淀粉酶在医药上的用途是与蛋白酶和脂肪酶组合成为"多酶片"，用于治疗消化不良。蛋白酶和脂肪酶也可以加入到洗涤剂中，用于清洗被蛋白质或油脂污染的织物。天冬酰胺酶则是一种抗肿瘤药物。

瘤胃细菌

瘤胃细菌合成并释放相关酶类

牛嚼碎的草

酶将草分解为纤维二糖

纤维二糖在酶的作用下参与

发酵，生成脂肪、糖类、氨基酸等

糖类、蛋白质等原料最终合成牛奶

图2-4　瘤胃细菌将草转变成牛奶

　　微生态制剂　　微生态制剂是由改善人体内菌群平衡或增加人体免疫力的活菌和（或）死菌组成的制剂，也被称为益生素。微生态制剂中使用的细菌主要有双歧杆菌、地衣芽孢杆菌、嗜酸乳杆菌、肠球菌、保加利亚乳杆菌和嗜热链球菌等。微生态制剂的主要作用机制是：通过有益菌群的正常代谢，产生乳酸、乙酸、丙酸等，降低机体内环境的pH值；产生过氧化氢杀灭一些潜在病原菌；产生一些代谢产物使肠道内氨和胺的浓度下降；产生酶类促进物质分解；合成B族维生素、产生抗菌物质；产生非特异性免疫调节因子，提高抗体水平和巨噬细胞活性。

　　除了微生态制剂外，还有一种被称为益生元的物质用于调节人体胃肠道功能。益生元的学名为功能性低聚糖，即功能糖，是一些不能被人体完全消化的碳水化合物，包括水苏糖、棉子糖、低聚果

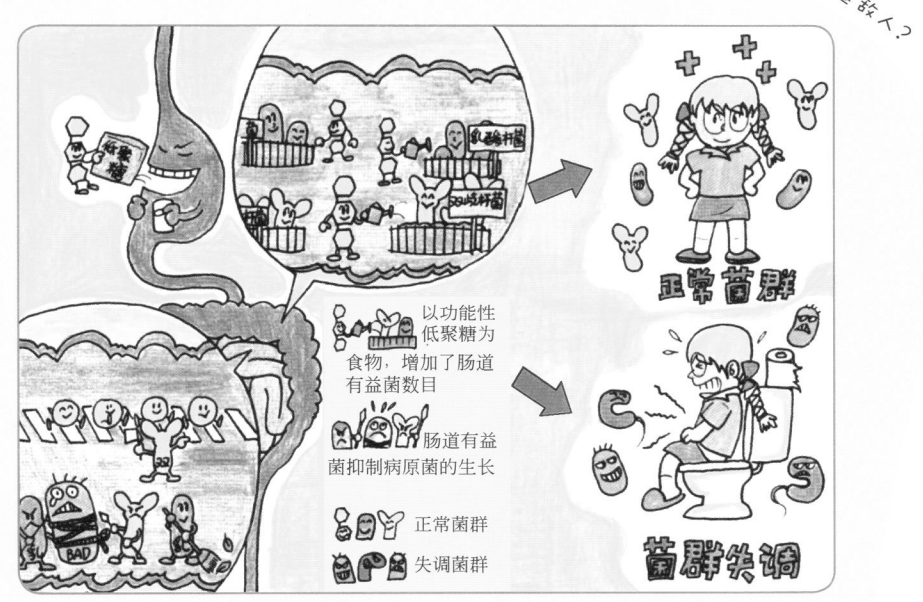

图2-5 作为药物或保健食品的微生态制剂

糖、大豆低聚糖、低聚木糖、低聚半乳糖等。这些低聚糖虽不能被人体消化吸收而直接进入大肠内，但可成为肠道有益菌（如双歧杆菌和乳酸杆菌）的食物，是这些有益菌生长的增殖因子。因此，益生元的功能是选择性地刺激人体肠道中有益菌的生长来调节胃肠道的功能。图2-5为一些作为药物或保健食品的微生态制剂产品。

目前，人用微生态制剂琳琅满目，很多微生态制剂还用于家禽、水产，以及猪、羊、牛等动物养殖业，以提高动物的防病能力以及对饲料的利用率。

石油勘探 石油是工业的"血液"，但它深埋在地下，怎样才能找到石油呢？有时动用了大量的人力、物力和财力也不能完全准确地探测到石油的分布范围，而细菌可谓与石油有着不解之缘。

石油是由各种有机化合物组成的，其中最大量的是由碳和氢组成的化合物，叫做烃。石油虽深埋地下，但总会有一些烃会透过岩层缝隙跑到地层的表面，石油中的气体成分也会常常冒到地表。有些细菌喜欢以石油成分为食物。因此勘探队员只要在某地发现大量的这类细菌就说明那里很可能有石油，并且可以通过检测样品中细菌的数量，预测石油和天然气的储藏量。这样，微生物王国中的一些以石油中的烃类为食物的细菌，如甲烷氧化菌、乙烷氧化菌，可以作为石油勘探队的"向导"。

细菌采油　为什么要用细菌采油？细菌是怎样采油的呢？用细菌采油有什么优点？这些或许是萦绕在你心中的谜团。

油田刚开发时，油厚、油多、地下压力大，那时油可以"自喷"出来。过些年后，地下压力变小，就得往地下注水"驱油"，用机器往上抽。再后来，打上来的大多是注入地下的水，油则变得很少，而且新注入的水总是向同一个方向跑，习惯了"老路"，油就采不出来。科学家就用化学办法采油，即往油层里灌注聚合物，这些聚合物能够堵住水流动的习惯性"老路"，这样水就向别的方向压，结果油又被挤了出来。虽然这种化学采油效果比较好，但是被堵上的"老路"以后几乎再也打不开，里面被封闭的石油就无法开采。因此一般来说，随着开采时间的延长，油田中的石油开采难度就越来越大。

将细菌及其营养源注入地下油层，让细菌在油层中生长繁殖。这样，在复杂的千米地下，细菌通过新陈代谢，对原油可以直接作用，把大分子链切成小分子链，改善原油性质，降低原油的黏度，提高原油在地层孔隙中的流动性。此外，这些细菌可以将"老路"上的蜡等物质分解，原来堵住的地方就疏通了。有些细菌还可以通

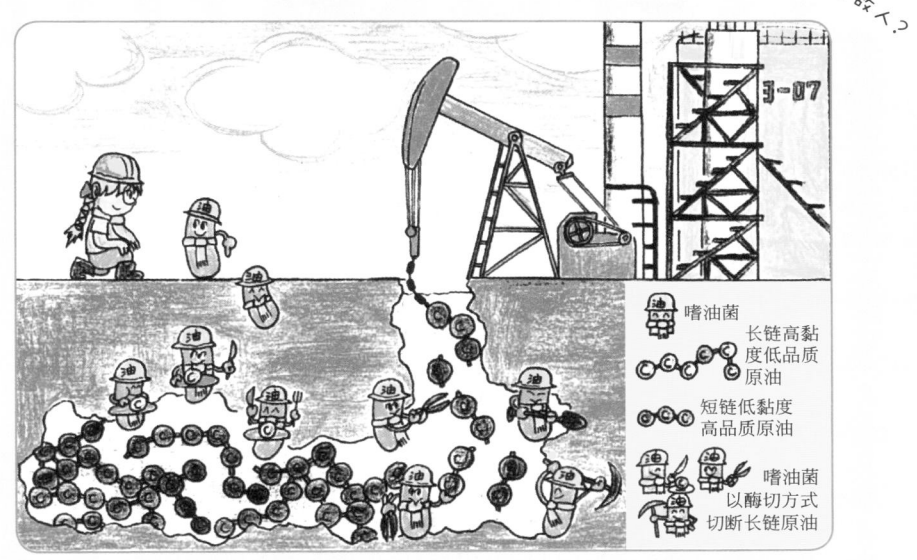

图2-6　细菌与石油勘探、采油

过代谢产物，把因注水而习惯性流动的"老路"或大的孔隙截堵上，再注水增加压力，可以提高原油采收率。图2-6为细菌与石油勘探、采油的示意。

　　冶炼金属　铜、铁等很多重要金属的矿石都深埋于地下，如果要把它们运到地面，一方面需要大量的人工，开挖坑道从数百米深的地下把矿石搬上来，这些工人在地下操作既不安全，又很劳累；另一方面这些坑道的开挖，要耗费大量的财力物力。

　　现在科学家们人工培养了很多细菌，让这些小生命和水一起迅速包围矿层，一部分细菌如氧化硫杆菌、聚硫杆菌等，把矿石中的硫或硫化物氧化成硫酸，而另外一部分细菌如氧化亚铁硫杆菌等在硫酸的存在下，把硫酸亚铁氧化成硫酸铁。细菌本身则借助于这些反应获得能量，并不断地生长繁殖。氧化产生的硫酸铁还可以进一

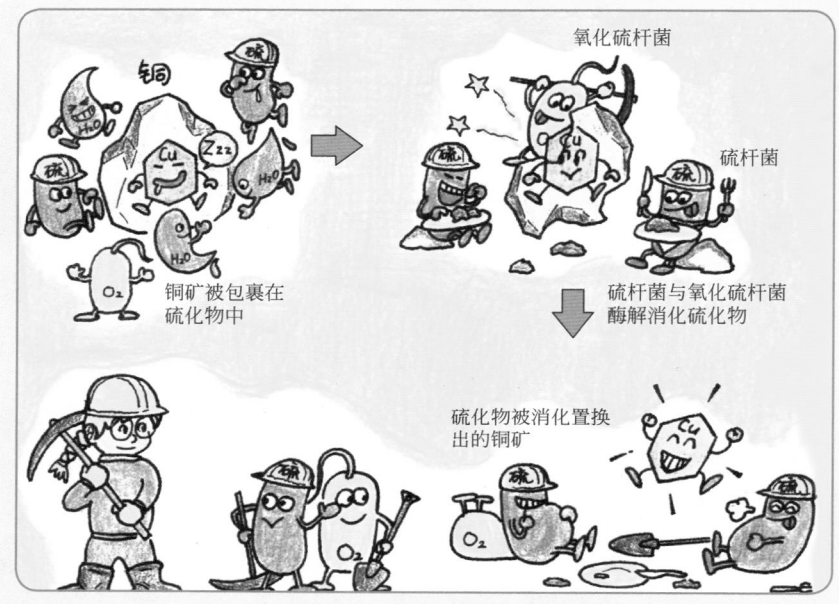

图2-7　细菌与金属冶炼

步将黄铁矿和辉铜矿分别氧化为硫酸亚铁和硫酸铜，同时本身被还原成硫酸亚铁，通过这样的方式，矿石中的铜离子就被浸出，这样从矿层中流出来的溶液中就含有大量的硫酸铜，只要再在这些溶液中加入铁粉，就可以把铜置换出来，得到铜产品，如图2-7所示。除了铜矿外，细菌也已经在提取铀和金上得到了工业应用。

食品工业中作贡献

　　食醋　食醋是一种含醋酸的酸性调味料，它能增进食欲，帮助消化。食醋除含3%～5%的醋酸外，还含有各种氨基酸、其他有机酸、糖类、维生素、醇和酯等营养成分及风味成分，因此具有独特的色、香、味。

酿醋主要以大米、小米或高粱，以及碎米、玉米、甘薯、马铃薯为原料。原料先经蒸煮、糊化、液化及糖化，使淀粉转变为糖，再用酵母使其发酵生成乙醇，然后在醋酸菌的作用下将乙醇氧化生成醋酸。

乳制品　发酵乳制品是指原料乳经过灭菌后接种特定的细菌进行发酵作用，产生具有特殊风味的食品。它们通常具有良好的风味、较高的营养价值，还具有一定的保健作用。常见的发酵乳制品有酸奶、奶酪、酸奶油、马奶酒等。发挥作用的细菌主要有干酪乳杆菌、双歧杆菌、保加利亚乳杆菌、嗜酸乳杆菌、植物乳杆菌、乳酸杆菌、嗜热链球菌等。

酿酒　古代酿酒必须依靠酒曲。什么是酒曲？酒曲是多种微生物的复合物，主要包括酵母菌、霉菌和细菌。在这些微生物的作用下，谷物经糖化、发酵等工序酿成酒。细菌对酒具有独特的作用。在发酵酿酒过程中，适当引入细菌能克服白酒后味不足的缺点，而且能增强白酒、黄酒和葡萄酒的香型和风味。在酿酒工业中常用的细菌有乳酸杆菌、醋酸菌、丁酸菌和己酸菌等。

乳酸杆菌能发酵糖类产生乳酸，乳酸通过酯化产生乳酸乙酯，使白酒具有独特的香味。但乳酸过量会使酒醅的酸度过大，影响出酒率和酒质，酒中含乳酸乙酯过多，会使酒带闷。醋酸菌发酵产生的醋酸是白酒主要香味成分之一，但醋酸含量过多会使白酒呈刺激性酸味。丁酸菌和己酸菌发酵产生的丁酸和己酸使酒浓郁且回味悠长。

其他还有嗜盐片球菌参与酱油酿造；乳酸菌和明串珠菌参与泡菜制作等。细菌可以为人类提供较多的可口食品（图2-8）。

图2-8 细菌在食品中的作用

现代农业中发挥奇效

无污染的细菌生物农药 20世纪早期，德国苏云金的一个面粉加工厂中四处飞舞的地中海粉螟幼虫突然大量死亡。这引起了生物学家贝尔林内的兴趣。他从死虫体内分离出一种杆状细菌，1915年定名为苏云金芽孢杆菌（苏云金杆菌）。他把这种菌涂在叶子上，当粉螟幼虫狼吞虎咽地吃下这些叶子两天后便纷纷死去。后来他又发现这种细菌在芽孢形成后不久，会生成一些正方形或菱形的晶体，称为伴孢晶体。可惜的是，这个发现当初并未被重视。1920—1950年苏云金芽孢杆菌被用作防治害虫的田间试验。到了1956年，生物学家汉纳证明了伴孢晶体才是苏云金芽孢杆菌杀死粉螟幼虫的真正原因（图2-9）。

释放伴孢晶体的苏云金
杆菌
伴孢晶体
被伴孢晶体破坏组织的棉
铃虫

图2-9　生物农药苏云金芽孢杆菌

苏云金芽孢杆菌可以防治鳞翅目、膜翅目、直翅目的130多种害虫。当苏云金芽孢杆菌进入害虫消化道，伴孢晶体被碱性的肠液消化、激活，产生毒性，使害虫中毒死亡，而人和动物的胃肠是酸性的，不能溶解这种晶体蛋白，所以它对人体是无害的。

其他细菌杀虫剂还有金龟子芽孢杆菌和球形芽孢杆菌。金龟子芽孢杆菌被金龟子幼虫吞食后，在肠中萌发，生成活动状态的细菌营养体，它们穿过肠壁在幼虫体腔中繁殖，破坏各种组织，造成金龟子死亡。球形芽孢杆菌中的伴孢晶体对蚊幼虫有毒杀作用。

有的细菌还可以担当除草剂的角色。除莠霉素是由细菌产生的一种除草剂，它只对杂草的生长具有抑制作用，而对同样为绿色植物的水稻等没有影响。细菌产生的另外一种除草剂叫做双丙磷，它对100多种一年生和多年生杂草的生长具有很好的抑制作用。粉苞柄锈菌可防治小麦田中的主要杂草灯心草粉苞苣。黄单孢菌可用

于防除草坪中的杂草，这种新型除草剂方便安全，不会造成环境污染，也代表了除草剂的发展趋势。

低毒高效的细菌生物化学农药　农用抗生素（也即微生物源的生物化学农药）是由微生物发酵过程中产生的次生代谢产物，在低浓度时可抑制或杀灭作物的病、虫、草害及调节作物的生长发育。国外以日本发展最快，居世界领先，先后开发了阿维菌素、春日霉素、灭瘟素、多氧霉素、井冈霉素、灭孢素、杀螨霉素等。阿维菌素是美国科学家坎贝尔（William C. Campbell）和日本科学家大村智（Statoshi ōmura）从阿维链霉菌中发现的一组广谱、高效、低毒的大环内酯类抗生素，是迄今为止最有效的杀虫抗生素，因此获得2015年诺贝尔生理学或医学奖。

患有纹枯病的水稻可以用井冈霉素防治。当井冈霉素接触水稻纹枯病病菌的菌丝后，能很快被菌体细胞吸收并在菌体内传导，干扰和抑制菌体细胞正常生长发育，使病菌失去侵害能力，从而起到治疗作用，如图2-10所示。

与化学合成的具有同样作用的农药相比，由细菌制备的农用抗生素往往具有较低毒性和不易残留的优良特性。

细菌生物肥料　广义上讲，生物肥料包括植物性肥料、动物性肥料和微生物肥料，狭义上说的生物肥料仅指微生物肥料。植物生长必须不断从外界摄取各种营养元素，碳、氢、氧可以从空气中的二氧化碳和土壤里的水分中获得，其他营养元素一般土壤里都供给有余。只是氮磷钾三种元素，植物生长时需要量较大，而土壤里供给又不足。因此，都把氮磷钾称为植物生长三要素。那么这三种要素从哪里来？为何一些并不通过人工施肥的植物照样能够长得枝繁叶茂？原来这都是细菌的功劳。

链霉菌 井冈霉素破坏纹枯菌细胞壁
井冈霉素合成原料 菌丝被井冈霉素切断的纹枯菌
水稻纹枯菌

图2-10　井冈霉素防治水稻纹枯病

固氮菌　固氮菌能够将空气中的氮固定到植物的根部，让植物吸收利用。在这类细菌中应用最多的当属根瘤菌。当根瘤菌入侵植物后，会在其根部形成小疙瘩，这些小疙瘩会把空气中游离的氮固定下来，转变成植物可以利用的氨。可以说这些小疙瘩就像是建在植物根部的一个个小"化肥厂"（图2-11）。大多豆类植物的根部都长有这些小疙瘩，因此，种植在较贫瘠土壤中的豆类植物无需太多的人工施肥就能够满足植物的生长，且在种过豆科植物的土地上，尽管没有太多的人工施肥，但其土壤还是比较肥沃的。因此，在农村往往在同一块土地上要进行不同植物的套种或轮番种植。

解磷细菌　解磷细菌是土壤中一类溶解磷酸化合物能力较强的细菌的总称，其产生的酸类物质能把不被植物利用的磷化物转变成可被利用的可溶性磷化物，因此解磷细菌又称溶磷细菌。农业上常用解磷巨大芽孢杆菌（俗称"大芽孢"磷细菌），还有其他芽孢杆

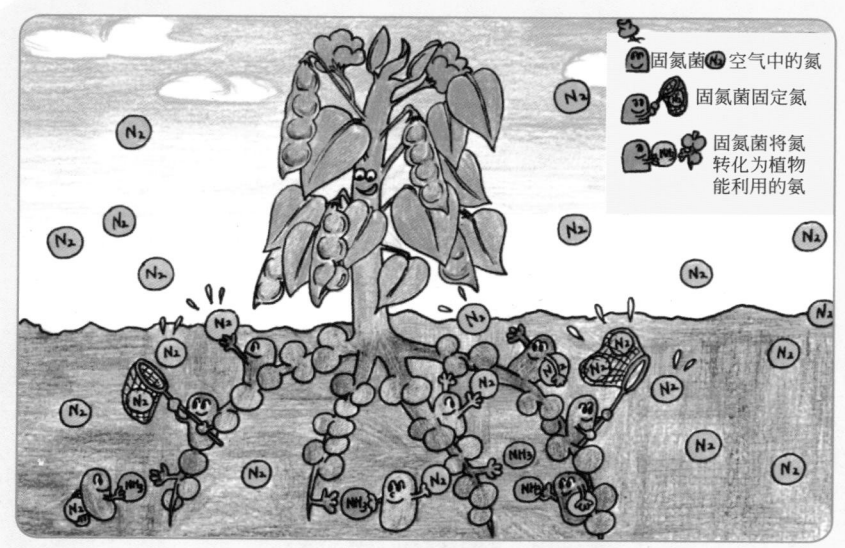

图2-11 根瘤菌和豆科植物的互利关系

菌和无色杆菌、假单胞菌等制成细菌肥料。实践证明，解磷细菌肥料对小麦、甘薯、大豆、水稻等多种农作物，以及苹果、桃等果树具有一定的增产效果。

解钾细菌 解钾细菌是土壤中一类溶解硅酸盐化合物能力较强的细菌的总称。这类细菌一方面由于其生长代谢产生的有机酸类物质，能够将土壤中含钾的长石、云母、磷灰石、磷矿粉等矿物的难溶性钾及磷溶解出来为作物和菌体本身利用，菌体中丰富的钾在菌体死亡后又被作物吸收；另一方面解钾细菌所产生的激素、氨基酸、多糖等物质促进作物的生长。同时，解钾细菌在土壤中繁殖，抑制其他病原菌的生长。这些都对作物生长、产量提高及品质改善有良好作用。

当科学家发现了土壤中这些细菌的功能后，从土壤中分离这些细菌，然后进行大规模培养，最后作为细菌肥料在农业上应用，如图2-12所示。还有的细菌能分解土壤中的动植物残体并为植物提供养分。有的细菌生长在植物的根圈范围内，能分泌刺激和调控植物生长的物质、促进植物出芽、减轻病虫害等作用。

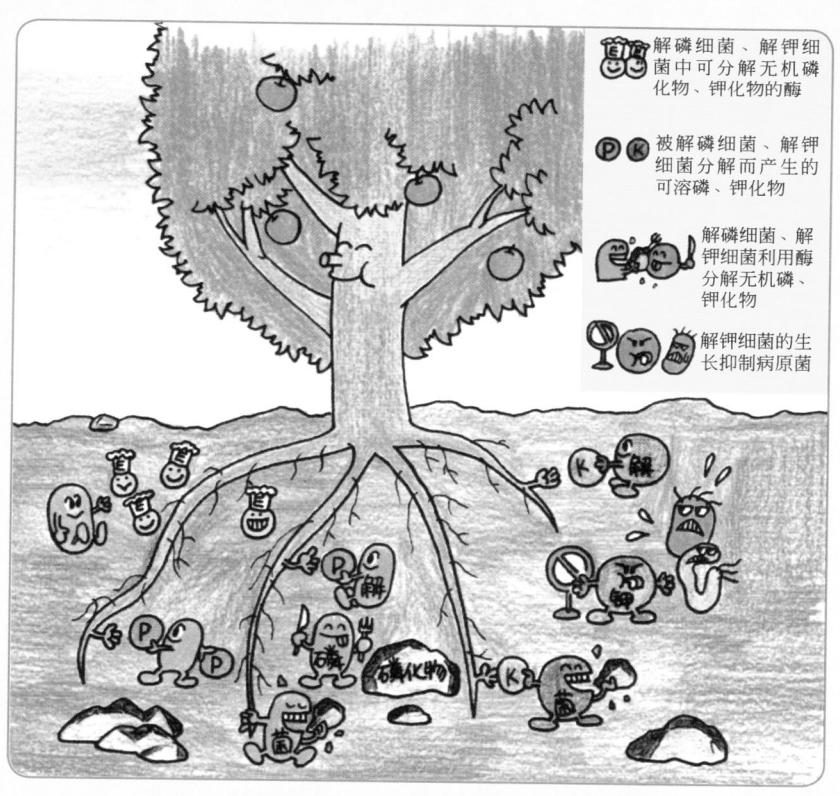

图2-12　作为细菌肥料的解磷细菌和解钾细菌

通过以上的阐述，现在你一定知道了为何有些植物不施肥照样能够长得枝繁叶茂，也一定知道了为何细菌可以作为肥料这两个问题了吧。

环境治理和保护中见实效

在世界经济得到了前所未有大发展的背后，却隐藏着巨大的危机：废弃物堆积如山、有毒物质大量排放、许多河流和海岸受到严重污染、大气总悬浮颗粒物大量存在。世界范围的生态状况在日益恶化，地球的前景令人担忧。

"大兵团协力作战"处理废水的活性污泥 在大多数的生活废水和工业废水中含有大量有毒有害的有机物质，如果不经过处理直接排放，则将污染土壤和水系，进而通过食物链进入人体，威胁人类的健康。因此，几乎所有的生活污水和工业废水在排放到环境前都需要使用活性污泥进行处理。

所谓活性污泥法就是由大量各种各样微生物和其他一些原生动物生活在一起，并结合了一些来自污水中的营养物和漂浮物而形成的一团团棉絮状的东西。活性污泥中的微生物齐心协力，发挥各自的特长，分别将废水中的污染物摄入细胞内，将这些存在于废水中的有毒有害物质转化成菌体本身的成分，或将这些物质分解为二氧化碳和水等。同时，活性污泥有很强的吸附能力，可以吸附很多的污染物，从而达到处理和净化污水的目的。细菌是活性污泥中最重要的成员，主要有产碱杆菌、微杆菌、芽孢杆菌、假单胞菌等。图2-13为废水处理的一般过程。

活性污泥可分为好（hào）氧活性污泥和厌氧颗粒活性污泥。1914年可以说是活性污泥法的创始年。1921年，上海建成了中国第一座活性污泥法污水处理厂。

可做环保塑料的细菌 以石油为原料制造的塑料袋、塑料饭盒在给人们生活带来方便的同时，由于其化学性能十分稳定，在自然

图2-13 活性污泥处理废水

条件下不易降解而导致"白色污染"。农田中的塑料薄膜碎片即使在土壤埋上50～100年，仍不被分解而"安然无恙"，这会妨碍作物生长，使农作物减产。

　　如何避免"白色污染"？最有效的方法就是寻找一些在自然界中可以被微生物降解的替代品。除了用纸制品或天然动植物纤维替代塑料外，还有一种叫洋葱假单胞菌的细菌能产生与塑料类似的物质——聚羟基丁酸酯（PHB，为生物可降解塑料）。这种聚酯在自然环境中完全降解，其降解产物还能改善土壤结构及作为肥料。另外，由于这样的塑料还具有抗紫外线、不含有毒物质、不引起炎

图2-14　PHB的制备使用和降解过程

症、透明、易着色等特点，在医药领域有更大的应用，制成的各种矫形器械，植入体内后，能在一定期限内自动分解并被组织吸收，这样，医生就不必再做第二次手术取出植入的矫形器械。图2-14所示为常规塑料制品造成的白色污染，以及由细菌制备的可降解塑料的降解过程。

　　专做土壤修复的细菌　目前，污染土壤修复术主要以生物修复为主。所谓土壤生物修复技术是利用微生物的作用将土壤中有害的有机污染物"吃掉"并转化为二氧化碳、水或其他无害物质的过程。由于自然的生物修复过程较慢，工程化的生物修复技术是在人为促进条件下的生物修复，利用微生物的降解作用，去除土壤中石油或其他有毒有害的有机污染物。

　　科学家们在被附近汽油储存罐泄漏的油污染的土壤里放入某种特殊的细菌，并在土壤中加入了一些营养物质。这些细菌不到60

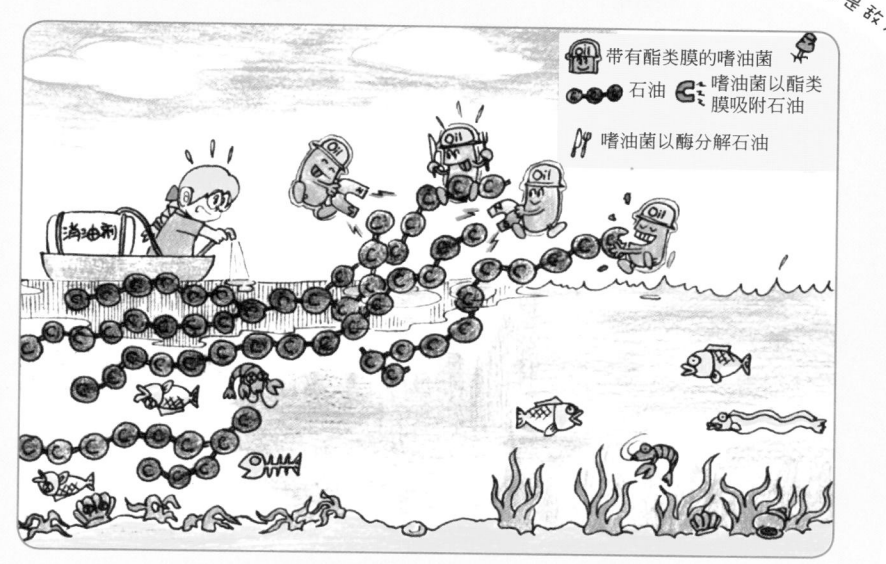

图2-15　细菌处理漂浮在水面上石油污染的示意

天便吃掉土壤中80%的油污。

　　针对海湾战争科威特大量油井被炸造成土壤严重污染的情况，专家们找到了一种以原油为食的新菌种。这种细菌的细胞外表有一层由酯类物质构成的膜，从而易于吸附原油并吞食之，使土壤逐渐恢复原貌。图2-15为细菌处理漂浮在水面上的石油。

　　美国科学家利用一种喜食甲烷的细菌，通过大量繁殖，反复选择、诱变，得到了一种可分解工业废料中重要成分三氯乙烯的工程菌。在此基础上又陆续培育出可分解强毒性化合物的耐汞菌等一大批环保微生物。它们进入土壤后共同作战，使受到污染的土壤得以修复。

　　科学家们也找到了一些能够清除有害金属的细菌：有些能转化金属和放射性物质（砷、汞、铅、锡和铀等），有些能够富集金属

于自身体内，从而达到了减轻环境污染、维持生态平衡的作用。这些特殊细菌不但不被这些有害的物质毒死，反而能够把它们吃掉，成为保护人类生命健康的卫士。

后石油时代的新能源

能源短缺是社会经济发展所面临的另一个重要问题。我们所用的石油、煤炭和天然气等不可再生的资源，总有一天会耗尽，而且它们的使用也导致了一系列问题：石油、煤炭的使用造成了环境的严重污染，如酸雨、空气粉尘等。尽管像核能、太阳能、风能和水力发电等新能源已经开始逐渐应用，但也存在诸多限制，如核能因其潜在的危险性而在世界各地受到很多环保人士的强烈反对，特别是2011年日本地震引发的核泄漏危机令人不寒而栗。因此，生物能源作为可再生、污染小的绿色能源，正日益引起世人的关注。所谓生物能源，就是指利用微生物（主要是细菌），对废弃或廉价的生物材料，如秸秆、木薯、甘蔗渣和皮、动物粪便等进行处理，从而产生可以作为能源利用的物质。例如，蓝细菌、假单胞菌可利用秸秆生产 H_2 和生物柴油，如图2-16所示。由于细菌利用的这些材料都是可以再生的，所以生物能源为"可再生能源"。当前生物能源的主要形式有四种：沼气、生物制氢、燃料乙醇和生物柴油。

廉价的沼气　炎炎夏日，在沼泽地、污水池和粪池里经常可以看到许多大大小小的气泡从里面冒出来。如果用玻璃瓶把这些气体收集起来，点燃后，瓶口会出现淡蓝色的火焰。这就是沼气。沼气是一种混合气体，可用于发电或化学家庭和工业燃料。因为这种气体最早是在沼泽中发现的，所以称为沼气。沼气发酵又称厌氧消化，是指利用人畜粪便、秸秆、污水等各种有机物在密闭的沼气池

图2-16 细菌与生物能源

内，在厌氧条件下（没有氧气），被微生物发酵分解转化，最终产生沼气的过程。

　　能发酵产沼气的细菌种类很多，而且在土壤、湖泊、沼泽中，在池塘污泥中，在牛、羊的胃肠道中，在牛、马粪和垃圾堆中，都有大量的甲烷细菌存在。图2-17为植物秸秆、动物粪便和各种生物垃圾等废弃物转化为沼气的过程。

　　细菌制氢 氢是另一种重要的能源物质。燃烧1克氢能释放出142千焦耳的热量，是汽油发热量的3倍，而且与汽油、天然气、煤油相比，氢的质量特别轻，携带、运送方便，非常适合作为航天、航空等高速飞行交通工具的燃料。氢与氧气反应的火焰温度可高达2500℃，因此也是切割或者焊接钢铁材料的极佳燃料。氢气燃烧后只产生水蒸气，以氢为燃料，汽车尾气的污染也将随之消失，因此，氢是非常理想的清洁能源载体。

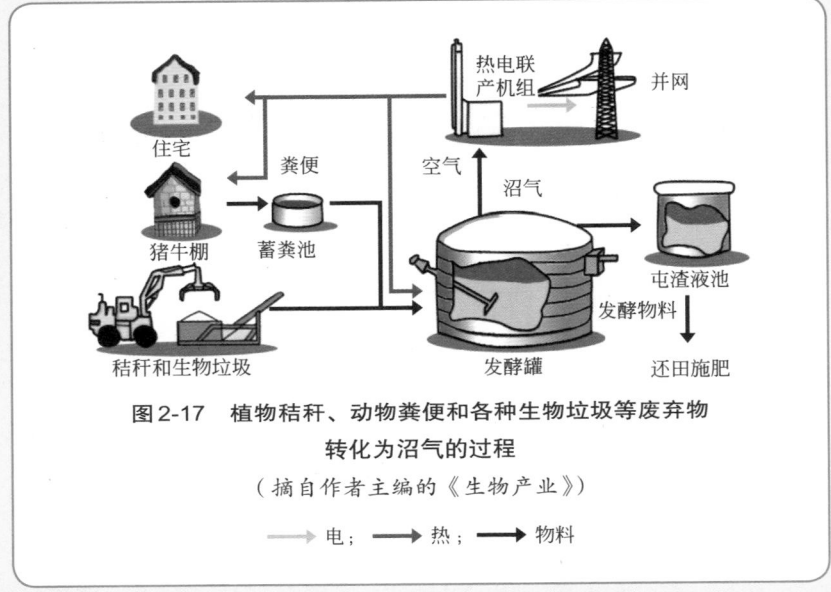

图2-17 植物秸秆、动物粪便和各种生物垃圾等废弃物
转化为沼气的过程

（摘自作者主编的《生物产业》）

━━→ 电；━━→ 热；━━→ 物料

如何从水、碳水化合物及碳氢化合物中获取氢气，是一大世界级难题。自Nakamura于1937年首次发现微生物产氢的现象后，生物制氢就成为人们制造氢气的重要研究目标。到目前为止已报道有20多个属的细菌种类及真核生物绿藻具有产氢能力，根据产氢原理的不同，这些产氢微生物可以分为光裂解水产氢的蓝细菌和微藻、光发酵产氢的紫色光合细菌及暗发酵产氢的厌氧或兼性厌氧微生物。

燃料乙醇 细菌在发酵植物原料过程中生成带有较高水分的乙醇，含水乙醇进一步脱水后，再与适量汽油混合就形成燃料乙醇。燃料乙醇不仅可以节约部分汽油，还能增加汽油的效率，从而避免使用一些为增加效率而添加的危害环境的物质，如四乙基铅等。

用细菌生产燃料乙醇的原料有玉米、高粱、小麦、大麦、甘

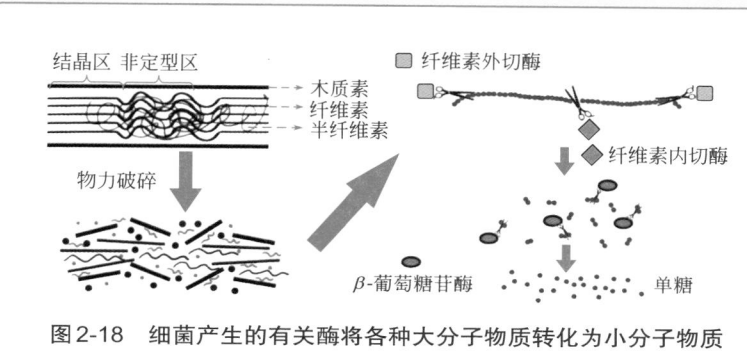

结晶区　非定型区　　　　　　　■ 纤维素外切酶

　　　　　　　　　　　　木质素
　　　　　　　　　　　　纤维素
　　　　　　　　　　　　半纤维素　　　　　◆ 纤维素内切酶

物力破碎

β-葡萄糖苷酶　　　　　单糖

图2-18　细菌产生的有关酶将各种大分子物质转化为小分子物质

（摘自作者主编的《新型生物产业科普》）

蔗、甜菜和土豆等，以及城市垃圾、甘蔗渣、小树干、木片等纤维质原料。因而科学家正在研究将农作物秸秆代替粮食生产乙醇，即将秸秆中的纤维素、半纤维素分别水解成葡萄糖和木糖，然后再用细菌发酵成乙醇，即由细菌产生的有关酶将各种大分子物质转化为小分子物质，如图2-18所示。

　　生物柴油　　柴油是许多大型车辆如卡车及内燃机车及发电机等的主要动力燃料，其需求量很大，但传统柴油的不完全燃烧会排放大量二氧化碳、形成酸雨和造成温室效应，是主要的环境污染源之一。以生物柴油代替传统柴油成为解决污染的途径之一。

　　生物柴油是指由长链饱和或不饱和脂肪酸与醇（甲醇或乙醇）经酯交换反应得到的脂肪酸甲酯或脂肪酸乙酯类化合物，由于其主要以植物油脂或动物脂肪酸等生物质资源为原料，故名"生物柴油"。与传统的化石能源相比，生物柴油具有无毒、能生物降解、硫和芳烃含量低、良好的润滑性、可以任意比例与化石柴油勾兑以及保护发动机等优越性。可将废弃食用油（俗称"地沟油"）生产

生物柴油，不仅可以减少柴油车辆对大气的污染，而且可避免这些油经过处理后，再作为食用油进入市场，危害人类健康。

微生物燃料电池也是一种可再生的能源。它是一种利用微生物将有机物中的化学能直接转化成电能的装置。其基本工作原理是：在阳极室厌氧环境下，有机物在微生物作用下分解并释放出电子和氢离子，电子依靠合适的电子传递介体在生物组分和阳极之间进行有效传递，并通过外电路传递到阴极形成电流，而质子通过氢离子交换膜传递到阴极，氧化剂（一般为氧气）在阴极得到电子被还原与氢离子结合成水，如图2-19所示。美国马萨诸塞大学阿默斯特分校的Derek Lovley教授实验室的这一工作成果被《时代》杂志评为2009年的50项重大发明之一。

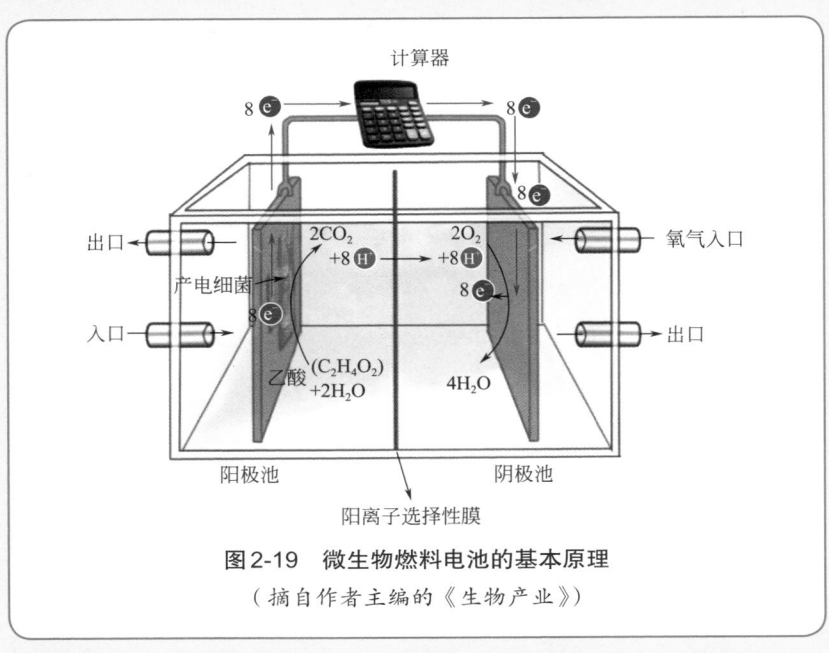

图2-19 微生物燃料电池的基本原理

（摘自作者主编的《生物产业》）

有待发现和发明的细菌朋友

　　具有烧结功能的细菌　传统的制砖工艺都需要用火来烧，从而造成大量的二氧化碳排放。现在，科学家们打算用细菌来完成这一加固工作，将某种细菌培养液倒入沙子中，一周后，这些沙子就能在这种特别细菌的作用下"凝固"成坚硬的砖头，彻底告别火烧！当然，这种细菌砖是否能够真正应用到我们的建筑物上，还需要进行很多的科学研究。图2-20为细菌砖的制备过程，小瓶内装的就是一种特殊细菌的培养物。

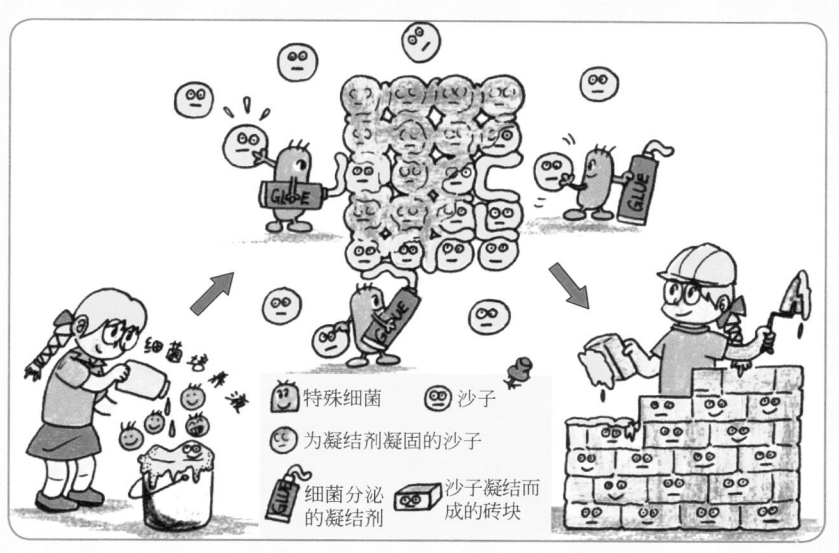

图2-20　细菌砖的制备过程

　　靠吃砒霜生长的细菌　说起砷元素，大多数人首先想到的可能是含砷的剧毒化合物——砒霜。美国科学家费丽萨·沃尔夫-西蒙等最近发现了一种独特的细菌，能利用砷来代替生命细胞的必需元素——磷元素构筑生命分子。

　　这是首次发现构成生命的基本元素可以由其他元素取代。该发现将使人类对生命的认识发生重大改变，拓宽在地球极端环境乃至外星球寻找生命的思路。

　　工程细菌——为人类作贡献的"细胞工厂"　随着生命科学和生物技术的发展，科学家已经能够人为地加工改造细菌，从而使细菌成为能够为人类生产各种所需要产品的"细胞工厂"。这种构建"细胞工厂"的主要原理是，通过研究将不同细菌和动植物构建各种有用的生命元件，并让这些生命元件像电路一样组装到某一特定的细菌内，并让这种"人造细菌"能按预想的方式完成各种生物学功能，制造各种人类所需要的物质。为此，2003 年，美国麻省理工学院成立了标准生物部件登记处，目前已经收集了大约3200个标准化生物学部件，供全世界科学家索取，以便在现有部件的基础上组装人类需要的生物系统，其中主要是组装人类需要的"人造细菌"。

　　最近，科学家根据在目前临床上严重威胁人类生命健康的铜绿假单胞菌的致病机制，对大肠杆菌进行有目的的改造，最后获得了一种能够有效抑制这种病原菌生长和繁殖的"人造大肠杆菌"，如图2-21所示。这为药物开发和临床治疗提供了新思路。

　　能够制服肿瘤的细菌　100多年前，William B. Coley 发现肉瘤患者感染了链球菌后，由于内在的免疫系统被激活，肿瘤被抑制而消退。此后，其他的细菌被发现也能优先在肿瘤内繁殖积累。细菌的这种特性，使人类有望把它们改造成为肿瘤治疗的有效工具，进而和目前的治疗手段联合使用以达到更好的效果，而且可以通过基因工程技术赋予细菌抗肿瘤的特性，增加其肿瘤治疗效果，减小毒性。最新的研究发现，细菌产生的某些蛋白质能够显著增强

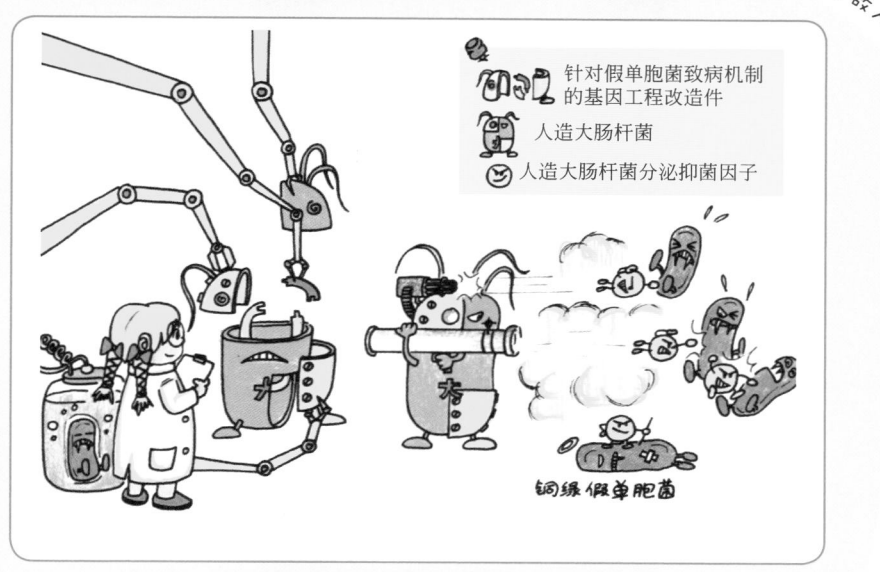

针对假单胞菌致病机制的基因工程改造件

人造大肠杆菌

人造大肠杆菌分泌抑菌因子

铜绿假单胞菌

图2-21　人造细菌

其他治疗方法的抗癌效果，这为肿瘤的治疗提供了新的思路：不用完整的活细菌，而直接借助细菌蛋白质，可以避免活细菌引起的有害副作用。

另外，科学家利用厌氧细菌容易在肿瘤细胞中定植的特性，研究与其他抗肿瘤药物联合使用，达到对肿瘤细胞"内外进攻"的治疗方法，迫使肿瘤细胞"投降"。也有科学家发现这些厌氧细胞具有"靶向"肿瘤细胞定植的特性，且能够产生"脂质体酶"的能力，因此，联合使用这些细菌与"脂质体药物"治疗肿瘤小鼠时，能够有效地提高药物在肿瘤细胞的浓度，起到更好的杀灭肿瘤细胞的作用。

细菌有益的地方真是涉及人类生活的方方面面（图2-22），有些细菌确实是我们可亲可爱的朋友。

图 2-22　细菌的益处

细菌是人类可憎可恨的敌人

　　在细菌这个大家族中，很多细菌可以给人类带来各种各样的益处，但也有一小撮细菌是人类的敌人。在漫长的人类历史中，一些给人类带来灾难的传染病是由细菌引起的，其中不少细菌至今仍严重危及我们的生命。这些能使人体致病的细菌被称为致病菌或病原菌。在一般情况下，人体内各种各样的细菌与宿主（细菌居住的地方）之间、各种细菌之间、通过营养竞争和代谢产物的相互制约等因素，维持着良好的平衡。在一定条件下这种平衡关系被打破，原来不致病的正常菌群中的细菌可能成为致病菌，我们称这类细菌为机会性致病菌，也称条件致病菌。正常的细菌成为致病菌，要有三个条件：一是定居部位改变，某些细菌离开正常寄居部位，进入其他部位，脱离原来的制约因素而生长繁殖，进而感染致病；二是机体免疫功能低下，正常菌群进入组织或血液扩散；三是菌群失调。

尽管通过科学家和全人类的努力，绝大多数致病菌被"缉拿归案"。但是，那恐怖的场景不仅历历在目，而且如果人类肆意地破坏环境，放松公共卫生防疫，那卷土重来的危险依然存在。

闻之色变的细菌与有益人类的细菌

可怕的"白色粉末"——炭疽芽孢杆菌

炭疽病也称炭疽、炭疽热，其意取自煤炭，因病人感染发病后皮肤呈现典型特征——黑痂而得名，是由炭疽芽孢杆菌引起的一种人兽共患急性传染病。

古人把炭疽看为一种不可抗拒的"天灾"。公元前1500年埃及发生的第五次牲畜瘟疫和史称"疖子瘟疫"的第六次人畜共患的瘟疫，可能是有史以来炭疽流行留下的最早记录。进入20世纪，自然传播的炭疽流行依然是人类的主要威胁之一。在1900—1978年，美国发现的18个炭疽患者大多从事羊毛或羊毛处理工作，这也是炭疽在美国长期被叫做"剪羊毛工人病"的原因。1978—

1980年，津巴布韦发生人类炭疽大流行，6000多人染病，多达100人死亡。

皮肤炭疽最为常见，其最初症状是面、颈、肩、手和脚等裸露部位皮肤出现起痒的"蚊子块"，随后出现水疱、出血性坏死，发展为溃疡，接着血样分泌物结成黑色似炭块的干痂，痂下有肉芽组织形成炭疽痈。黑痂脱落后愈合成疤。发病期间出现发热、头痛、局部淋巴结肿大及脾肿大等症状。少数病例病情危重，可因循环衰竭而死亡。如病原菌进入血液，可产生败血症，并继发肺炎和脑膜炎。

肺炭疽由吸入炭疽芽孢杆菌所致，临床表现为寒战、高热、气急、呼吸困难、喘鸣、发绀、血样痰、胸痛等。患者病情大多危重，常并发败血症和感染性休克，偶尔也可以继发脑膜炎。若不及时诊断与抢救，则常在急性症状出现后24～48小时因呼吸、循环衰竭而死亡。

饮食感染引起的肠炭疽患者可出现严重呕吐、腹痛、腹泻，严重者若不及时治疗，常并发败血症和感染性休克而于起病后3～4日内死亡。

炭疽芽孢杆菌是人类历史上第一个被发现的病原菌。它的两端很平整，没有鞭毛，有芽孢。它对营养要求不高，在一般培养条件下很容易生长，在不利的生长环境下可形成芽孢，因而具有极强的抵抗力和生命力。可在自然界中长期存活，即使已经死亡多年的朽尸，也可成为传染源。

炭疽芽孢杆菌有三种强有力的致病武器。第一个是菌体周身包裹的一层荚膜，荚膜可以抵抗人体免疫细胞的吞噬，有利于细菌的繁殖扩散。另外两种"威力武器"是毒素，其中一种叫致死因子，另一种叫水肿因子。这两种毒素如同炸弹，只要有一个进入人体细胞，就能使细胞破裂死亡，并在人体内引起剧烈的反应，使人死亡。

炭疽芽孢杆菌还在战争中被作为生化武器。在日军侵华战争中，臭名昭著的731部队曾建立一条月产炭疽粉末200千克的生产线，在中国战场频频试验和使用炭疽芽孢杆菌、霍乱弧菌、伤寒杆菌等各种生化武器，屠杀数百万无辜的中国人。

19世纪的世界病——霍乱

自1817年以来，全球共发生了7次世界性的霍乱大肆虐，造成了人类的大量死亡，至今触目惊心。

霍乱的第一次大流行始于1817年，起源于印度，播撒至阿拉伯地区、非洲和地中海沿岸。到1923年的百余年间，霍乱6次大流行，造成的损失难以计算，仅印度死者就超过3800万。在1883年霍乱第五次大流行中，科赫从埃及患者粪便中首次发现了霍乱弧菌。1961年霍乱又在亚洲和欧洲开始第七次大流行，1970年非洲再受其害；1991年又袭扰拉丁美洲，一年内有40万人得病，造成4000多人死亡。

霍乱的历次世界大流行，我国均遭侵袭。在1820—1948年的近130年中，我国大小流行近百次。

霍乱是由霍乱弧菌引起的一种烈性传染病。霍乱弧菌的菌体弯曲如弧形或逗点状，菌体一端有单根鞭毛和菌毛。

在自然情况下人类是霍乱弧菌的唯一易感者。霍乱弧菌主要通过污染的水源或食物经口传染。在一定条件下，霍乱弧菌进入小肠后，依靠鞭毛的运动，穿过黏膜表面的黏液层，借菌毛作用黏附于肠壁上皮细胞上，在肠黏膜表面迅速繁殖，分泌霍乱肠毒素，导致肠黏膜细胞分泌功能大为亢进，大量体液和电解质进入肠腔，患者

出现剧烈的呕吐、腹泻，泻出物呈"米泔水样"并含大量弧菌。由于大量脱水和失盐，可发生代谢性酸中毒、血循环衰竭，甚至休克或死亡。患过霍乱的人可获得牢固的免疫力，再感染者少见。

霍乱弧菌耐低温，耐碱，但对热、干燥、日光、化学消毒剂和酸等均很敏感。湿热55℃、15分钟，或100℃加热1～2分钟，或每吨水中加0.5克氯15分钟，均可杀死霍乱弧菌。0.1%高锰酸钾浸泡蔬菜、水果也可达到消毒目的。

黑色妖魔——鼠疫

鼠疫又名黑死病，首次鼠疫大流行发生于公元6世纪，起源于中东自然疫源地，从地中海地区传入欧洲，疫情持续了五六十年，流行高峰期每天死亡万人，死亡总数近1亿人。这次大流行导致了东罗马帝国的衰退。时值埃塞俄比亚的查士丁尼王朝，便称为"查士丁尼瘟疫"。

第二次流行发生于公元14世纪，起源众说纷纭，波及欧亚大陆和非洲北海岸。此次流行此起彼伏持续近300年，仅在欧洲就造成2500万人死亡，占当时欧洲人口的1/4；意大利和英国的死者达其人口的半数。据记载，当时伦敦的人行道上到处是腐烂发臭的死猫、死狗，人们把它们当作传染瘟疫的祸首打死了。然而没了猫，鼠疫的真正传染源——老鼠，就越发横行无忌。到1665年8月，每周死亡达2000人，1个月后竟达8000人。直到几个月后的伦敦大火灾，烧毁了伦敦的大部分建筑，老鼠销声匿迹，鼠疫流行也随之平息。此次鼠疫大流行波及我国，1793年云南师道南所著《死鼠行》中描述当时"东死鼠，西死鼠，人见死鼠如见虎；鼠死不几日，人死如坼堵"，充分说明那时鼠疫在我国流行十分猖獗。

第三次鼠疫大流行始于19世纪末，至20世纪30年代达最高峰，共波及亚洲、欧洲、美洲和非洲60多个国家，死亡达千万人以上。此次流行传播速度之快、波及地区之广，远远超过前两次大流行。但这次疫情的控制比前两次迅速、彻底，原因是当时已经发现了鼠疫的病原体——鼠疫杆菌，初步弄清了鼠疫的传染源和传播途径，并加强了国际检疫措施，使人类与鼠疫的斗争进入了科学阶段。

鼠疫是由鼠疫杆菌（即鼠疫耶尔森菌）引起的一种烈性传染病。鼠疫耶尔森菌是短小的杆菌，具有荚膜。致病物质包括外毒素、内毒素（脂多糖）和荚膜等。

鼠疫一般先在鼠类及其他野生啮齿类动物之间流行，借助鼠蚤叮咬而传给人；人也可以通过直接接触受感染动物或被病兽咬伤而感染；人之间可借飞沫传播病原菌。鼠疫杆菌侵入皮肤后，靠荚膜抵抗吞噬细胞吞噬在局部繁殖，随后又靠透明质酸及溶纤维素等作用，迅速经淋巴管至局部淋巴结繁殖，引起原发性淋巴结炎（腺鼠疫）。淋巴结里大量繁殖的病菌及毒素入血，引起全身感染、败血症和严重中毒症状。脾、肝、肺、中枢神经系统等均可受累。病菌波及肺部，发生继发性肺鼠疫。鼠疫的临床表现为高热、淋巴结肿痛、全身淋巴管和血管内皮细胞损害，皮肤大面积出血、瘀斑、坏死，肺部特殊炎症等症状，患者死后尸体呈紫黑色，故称"黑死病"。

鼠疫耶尔森菌在低温下及有机体中生存时间较长，在脓痰中存活10～20天，尸体内可存活数周至数月，蚤粪中能存活1个月以上；对光、热、干燥及一般消毒剂均甚敏感。日光直射4～5小时即死，55℃加热15分钟或100℃加热1分钟、5%苯酚（石炭酸）、5%来苏尔、0.1%氯化汞（升汞）、5%～10%氯胺均可将病菌杀死。

白色瘟疫——结核分枝杆菌

结核病是危害人类健康历史久远的慢性传染病，科学家们从发掘出的早期人类骨骼中发现有驼背的脊柱，这是结核病的病症之一。2100年前的马王堆汉墓女尸也被发现左肺上部有结核病的钙化灶。在埃及也曾发现感染了结核病的木乃伊。

对于结核病的描述可以回溯至公元前460年。在有记载的历史中，特别在工业革命期间，夺去了无数的生命。由于患者脸色苍白，被称为白色瘟疫。也以此把它与欧洲的黑死病瘟疫区分开。

19世纪，结核病在欧洲和北美大肆流行，生活困顿的人群成了结核病的温床，大多数人都曾被这种缓慢而无情的疾病夺去亲人或朋友。许多当年杰出的人物，如雪莱、席勒、勃朗宁、梭罗、肖邦、契诃夫、郁达夫和勃朗特姐妹等都曾罹患结核病。在19世纪的小说和戏剧中不乏这样的描写："面色苍白、身体消瘦、一阵阵撕心裂肺的咳嗽声……"。在结核病严重流行的20世纪初，全球每年因患结核病死亡的人数超过200万。

1882年，德国科学家科赫宣布发现了结核分枝杆菌是结核病的元凶。它的菌体为细长略弯的杆菌，两端钝圆，呈单个或分枝状排列，营养要求高，生长缓慢，在固体培养基经2～4周才出现肉眼可见的菌落。

结核分枝杆菌侵袭人类的武器主要是菌体的脂质和蛋白质。脂质有下面几种：一是索状因子，它能使结核分枝杆菌相互粘连，在液体培养基中呈索状排列，破坏细胞线粒体膜，影响细胞呼吸，抑制白细胞游走和引起慢性肉芽肿；二是磷脂，它能促进结核结节的形成；三是硫酸脑苷脂，它使结核分枝杆菌能在吞噬细胞中长期存活。

结核分枝杆菌在低温环境中（如3℃）可存活6～12月；对干燥的抵抗力特别强，对酸、碱有较强的抵抗力；痰标本中的结核分枝杆菌对常见的消毒剂如0.5%来苏水、5%苯酚溶液、0.1%过氧乙酸溶液等可耐受1小时以上；70%的酒精能够比较迅速地杀灭结核分枝杆菌。

结核分枝杆菌可通过呼吸道、消化道或损伤的皮肤侵入易感机体，引起多种组织器官的感染，其中以肺部感染最为常见，常见的临床表现为咳嗽、咳痰、咯血、胸痛、发热、乏力、食欲减退等局部及全身症状。患者通过咳嗽、打喷嚏、高声喧哗等使带菌液体喷出体外，健康人吸入后就会被感染。结核分枝杆菌还可侵染机体的其他部位，造成皮肤结核、脊柱结核、脑膜结核和骨结核等疾病。

1945年，特效药链霉素的问世使肺结核不再是不治之症。此后，雷米封、异烟肼、利福平、乙胺丁醇等药物相继合成，卡介苗预防接种获得成功，这是人类在与肺结核抗争史上里程碑式的胜利，为此，美国在20世纪80年代初甚至认为20世纪末即可消灭肺结核。然而，这种顽固的"痨病"又向人类发起了新一轮的挑战，呈现死灰复燃的趋势，许多国家肺结核病例直线上升。为此，世界卫生组织宣布"全球处于结核病紧急状态"，并把每年的3月24日定为"世界防治结核病日"。

麻风病是天谴吗

关于麻风病，最早的记载是3000多年前的古埃及。公元前1324年至公元前1258年，法老雷姆赛斯二世统治着古埃及辽阔的疆土，这时一种奇怪的疾病开始在埃及南部和苏丹等地蔓延，患

者先是手脚残破，接下来鼻塌目陷、面目狰狞，最终痛苦地死去，埃及人把这种病称为"瑟特"，意思是"溃烂"。3000多年之后，现代考古学家终于打开了神秘的金字塔，发现一具木乃伊的骨被严重损害。有力地证实了麻风病在古文明时期就已存在，作为一种古老的疾病，麻风病确实已经折磨人类几千年了。

麻风病患者毛发脱落，耳朵和鼻子有时候还会残缺，面貌畸形、可怕，肢体还会畸残。患者常常遭到社会和家庭的排斥。在中世纪的欧洲，经常有这样的传闻：恐惧的人们用船把麻风病患者大批运到海上，再投入大海溺死；麻风病患者被活活烧死；荒郊野外和无人居住的山谷，成了专门放逐麻风病患者的隔离区，隔离后限制外出，如果外出，须边走边摇铃或打板儿，以使他人及时躲避。

古时麻风病被认为是由于人们触犯了上帝而遭受的惩罚，希伯来人把麻风病称为"杂拉斯"，意为"灵魂不洁和不可接触"。麻风病患者因此成为受人歧视的罪人。

1856年，挪威著名麻风病专家丹尼尔逊冒险将一名麻风病患者的皮肤结节的刮取物接种到了自己和4名助手的身上，幸运的是，他们5个人都没有因此染上麻风病。1873年丹尼尔逊的女婿、麻风学者汉森从麻风病患者的皮肤结节中发现许多棒状的小体，后来证明这就是麻风病的致病菌——麻风分枝杆菌。麻风分枝杆菌的发现彻底结束了关于麻风病病因的各种各样荒谬而奇怪的说法。

这种细菌形态上与结核分枝杆菌酷似，是一类细长略带弯曲的杆菌，有分枝生长的趋势。在0℃下可存活3～4周，强阳光照射2～3小时即丧失繁殖能力，60℃加热1小时或紫外线照射2小时可丧失活力，煮沸8分钟可杀死这种细菌。

麻风分枝杆菌在患者体内分布比较广泛，主要见于皮肤、黏膜、周围神经、淋巴结、肝、脾等网状内皮系统某些细胞内，骨髓、睾丸、肾上腺、眼前半部等处也是麻风分枝杆菌容易侵犯和生存的部位，周围血液、横纹肌、乳汁、泪液、精液及阴道分泌物中也有少量麻风分枝杆菌。麻风分枝杆菌主要通过呼吸道吸入和破损的皮肤接触传染。麻风分枝杆菌侵入体内后，先潜伏于周围神经或组织的巨噬细胞内。潜伏期一般3～5年，有的甚至更长。受染后是否发病以及发展为何种病理类型，取决于机体的免疫力。结核样型麻风病变多发生于面、四肢、肩、背和臀部皮肤，呈境界清晰、形状不规则的斑疹或中央略下陷、边缘略高起的丘疹。瘤型麻风中细菌侵犯皮肤、黏膜及各脏器，形成肉芽肿病变，如不进行治疗，往往发展至最终死亡。

现在麻风是一种可治愈的疾病，早期提供治疗可避免出现残疾。大多数麻风病患者治愈后在脸上留下"麻子"。

麻风病在全世界均有分布，全世界每年新发现的患者约有50万。1954年世界卫生组织为了广泛宣传麻风知识，促进消灭麻风病事业的发展，决定将每年一月的最后一个星期日定为"国际防治麻风病日"，目的是调动社会各种力量来帮助麻风病患者克服生活和工作上的困难，获得更多的权利。

"伤寒玛丽"

1869年一个叫玛丽的姑娘出生于爱尔兰，15岁时移民美国。她做过女佣、炊事员。1906年夏天，纽约银行家华伦带着全家去长岛消夏，雇玛丽做炊事员。8月底，华伦的一个女儿最先感染了伤寒。接着，华伦夫人、两个女佣、园丁和另一个女儿相继感染。

他们消夏的房子住了11个人，有6个人患病。华伦深为焦虑，请来了伤寒疫情专家索柏。索柏将目标锁定在玛丽身上。他详细调查了玛丽此前7年的工作经历，发现7年中玛丽换过7个工作地点，而且每个地点都暴发过伤寒病，累计共有22个病例，其中1例死亡。

为了得出正确的判断，必须首先设法得到玛丽的血液、粪便样本。但这是非常棘手的事情。玛丽反应激烈，因为她一直"健健康康"地生活着，说她把伤寒传染给了别人，简直就是对她的侮辱。玛丽拒绝被采样。最后，当地卫生官员动用了5名警员才把她抬进救护车送往医院。一路上的玛丽就像是"一头关在笼子里的愤怒的狮子"。

医院检验结果证实了索柏的怀疑。玛丽被送入纽约附近一个名为"北边兄弟"小岛上的传染病房。但玛丽始终不相信医院的结论。两年后她向卫生部门提起诉状。1910年2月，当地卫生部门与玛丽达成和解，解除对她的隔离，条件是玛丽同意不再做炊事员。

1915年，纽约一家妇产医院暴发了伤寒病，25人被感染，2人死亡。卫生部门很快在这家医院的厨房里找到了玛丽，她已经改名为"布朗夫人"。据说玛丽因为认定自己不是传染源才重新去做炊事员的，毕竟做炊事员挣的钱要多得多。但这次玛丽自觉理亏，老老实实地回到了小岛上。医生对隔离中的玛丽使用了可以治疗伤寒病的所有药物，但伤寒病菌仍一直顽强地存在于她的体内。玛丽渐渐了解了一些传染病的知识，积极配合医院的任务，甚至成了医院实验室的义工。1932年，玛丽因卒中而半身不遂，6年后去世。

玛丽以"伤寒玛丽"的绰号名留美国医学史。"伤寒玛丽"是公众首次发现健康人也能携带致病菌。这样的人被称为"健康带菌者"，自己并不得病，却可以把病菌传染给别人。

"伤寒玛丽"所携带的病原菌是伤寒杆菌。伤寒杆菌于1880年被发现，是一种带有鞭毛的杆状细菌。

伤寒杆菌存在于患者或带菌者的体内，通过粪便排出体外而污染水和食物，或经手及苍蝇、蟑螂等间接污染水和食物而传播。水源污染是传播本病的重要途径，常酿成流行。

伤寒杆菌进入人体小肠后，侵入肠黏膜，部分经淋巴管进入回肠集合淋巴结，然后由胸导管进入血流引起短暂的菌血症。伤寒杆菌随血流进入肝、脾和其他网状内皮系统继续大量繁殖，再次进入血流，引起第二次严重菌血症，并释放强烈的内毒素，引起临床发病。2～3周后，伤寒杆菌经胆管进入肠道，部分再度侵入肠壁淋巴组织，在原已致敏的肠壁淋巴组织中产生严重的炎症反应，引起肿胀、坏死、溃疡，乃至肠穿孔。第4～5周，人体免疫力增强，伤寒杆菌从体内逐渐清除，组织修复而痊愈，但约3%可成为慢性带菌者，少数患者由于免疫功能不足等原因引起复发。

伤寒患者的临床症状特点是持续发热、毒血症状，体征则有玫瑰疹、伤寒舌、相对缓脉、肝脾大等。大多数患者在起病第一周时体温呈阶梯样逐步上升，第二周持续高热不退，并持续到第三周及第四周开始，如不经特殊抗菌治疗，第四周后患者才慢慢退热，整个发热期可长达1个多月。随着发热，患者可有表情淡漠、严重怠倦、食欲减退、腹胀等中毒症状，严重者可出现烦躁、谵妄乱语、神志不清等神经系统症状。在起病后7～10天期间，不少患者可在其胸、腹、背部见到散在的淡红色皮疹，这就是玫瑰疹。

伤寒杆菌在自然界中的生命力较强。在水中一般可存活2～3周；在粪便中能维持1～2月；在一些食物如牛奶、肉类中不仅能

生存较长时间，而且可繁殖；耐低温，在冰冻环境中可持续数月；但对光、热、干燥及消毒剂的抵抗力较弱，日光直射数小时即死，60℃加热30分钟或煮沸后立即被杀死，3%苯酚处理5分钟或消毒饮水处理（余氯达0.2 ~ 0.4毫克/升）可被迅速致死。

伤寒杆菌的传染性很高。1812年，拿破仑率领大军入侵俄罗斯时，许多士兵感染伤寒，成为法国兵败的重要原因之一。1898年英国医生赖特研制出了伤寒疫苗。这种疫苗在第一次世界大战时发挥了极大的作用。数百万的士兵因战壕内恶劣的条件而死亡，但死于伤寒的只有100人。

逐渐被人淡忘的传染病——白喉

白喉是由白喉棒状杆菌引起的急性呼吸道传染病，也是一种古老的疾病，青少年极易感染。患者的咽、喉等处黏膜充血、肿胀，咽喉表面常常有白色假膜，所以称为白喉。白喉曾经是大规模频繁爆发的恐怖疾病，1735 ~ 1740年在新英格兰某些城镇流行，据说导致80%的10岁以下儿童死亡。20世纪20年代美国死亡人数约13000 ~ 15000人。随着现代医学的迅速发展，由于大力推行免疫注射，白喉作为历史上的急性传染病，已经渐渐被人淡忘。以美国为例，1980—2004年总共只有57宗白喉病例。

白喉棒状杆菌于1883年被发现，菌体呈短棒状，粗细不一，常一端或两端膨大呈棒状。白喉棒状杆菌存在于患者或带菌者的咽喉部，主要通过空气飞沫直接传播；其次为间接传染，即通过使用的手巾、食具、玩具、书报等传播。

白喉棒状杆菌感染人体后，在患者鼻、咽、喉等部位繁殖并产生强烈外毒素，引起感染，局部形成假膜并呈全身中毒症状。临床症状为反胃、呕吐、发冷以及高热，咽、喉、鼻部黏膜充血、肿胀，轻微的喉痛以及吞咽困难，并有不易脱落的灰白色假膜形成。由细菌产生的外毒素可致全身中毒症状，严重者可并发心肌炎和末梢神经麻痹，导致患者死亡。冬、春两季是此病的多发季节，以15岁发病率最高。

白喉棒状杆菌对干燥、寒冷及阳光抵抗力较强，在干燥假膜内存活2个月，在水和牛奶中可活数周；随尘埃播散，若暴露于直射阳光下经数小时才被杀死；但对热及化学消毒剂敏感，56℃加热10分钟，0.1%升汞、5%苯酚或3%～5%来苏尔溶液处理，均能迅速杀灭白喉棒状杆菌。

1889—1894年，德国军医贝林主攻研究白喉，当时欧洲一年有5万多名儿童死于白喉。他把白喉杆菌打入一种小白鼠，发现一些幸存小鼠再注射白喉杆菌，可免于感染白喉，他认为动物血清中存在一种可以治愈其他动物的物质。1891年圣诞节，他首次成功地用羊的血清，治愈了1例柏林医院内的白喉患儿，为人类征服白喉迈出了重要的一步。他与法兰克福化学制药公司合作，1894年开始生产和销售白喉疫苗。1901年他获得了首届诺贝尔生理学或医学奖。

化脓性细菌

化脓性细菌是一类能够感染人体并引起化脓性炎症的细菌。化脓性细菌对人体有致病性，常引起皮肤、皮下软组织、深部组织的化脓性感染乃至内脏器官的脓肿，也能引起脓毒血症。

化脓性细菌一般分为化脓性球菌和化脓性杆菌两大类。化脓性球菌有葡萄球菌、链球菌、肺炎球菌、脑膜炎奈瑟菌和淋病奈瑟菌

等，化脓性杆菌有大肠埃希菌、变形杆菌、假单胞菌等。

金黄色葡萄球菌　金黄色葡萄球菌是一种重要的病原菌，可引起皮肤、各种器官和全身性的化脓性炎症。

金黄色葡萄球菌在自然界中无处不在，空气、水、灰尘及人和动物的排泄物中都可找到，人和动物的鼻腔、咽喉、头发和皮肤上也有金黄色葡萄球菌存在，因而食物受其污染的机会很多。

金黄色葡萄球菌的致病力强弱主要取决于其产生的毒素和侵袭性酶。它可通过多种途径侵入机体，引起肺炎、伪膜性肠炎、心包炎等，甚至败血症、脓毒症等全身感染。成人对葡萄球菌感染有一定的抵抗力，但特异免疫性不强，可反复感染。

β-溶血性链球菌　β-溶血性链球菌又称乙型链球菌，为球形或卵圆形，呈链状排列。能产生强烈的溶血毒素，致病力强，能引起人类多种疾病。

溶血性链球菌在自然界中分布较广，存在于水、空气、尘埃、粪便及健康人和动物的口腔、鼻腔、咽喉中，可通过直接接触、空气飞沫传播，或通过皮肤、黏膜伤口感染，被污染的食物也会对人类进行感染。溶血性链球菌可引起皮肤、皮下组织的化脓性炎症、呼吸道感染、流行性咽炎的爆发性流行以及新生儿败血症、细菌性心内膜炎、猩红热和风湿热、肾小球肾炎等。

该菌抵抗力一般不强，60℃、30分钟即被杀死，对常用消毒剂敏感，在干燥尘埃中生存数月，对青霉素、红霉素、氯霉素、四环素、磺胺均敏感。

肺炎球菌　肺炎有很多病因，其中肺炎球菌是一大病原菌。肺炎球菌有荚膜，常成对（肺炎双球菌）或呈链状排列（肺炎链球菌）。

肺炎球菌主要寄居于人类上呼吸道，作为正常菌群存在。大部分菌株不致病或致病力很弱，部分菌株有致病力，当机体抵抗力下降时才能引起疾病。肺炎球菌可引起大叶性肺炎和支气管肺炎，还可引起胸膜炎、脓胸、中耳炎、乳突炎、副鼻窦炎、脑膜炎以及败血症，非常危险。

变异链球菌　变异链球菌与龋齿的形成关系密切。这种菌对牙体硬组织有特殊亲和力，能分解食物中的蔗糖产生黏度大的不溶性葡聚糖，以致口腔中其他菌群成群结队地在不清洁的牙缝中繁殖，与糖等物质黏附于牙齿表面，积聚形成黄褐色的坚硬牙菌斑。龋齿的形成还与乳杆菌有关。乳杆菌能发酵多糖类产生大量酸，使酸碱度下降至4.5左右，腐蚀牙体硬组织，使牙釉质和牙质脱钙，光泽洁白的牙齿出现龋齿。

脑膜炎奈瑟菌　流行性脑脊髓膜炎简称流脑，是由脑膜炎奈瑟菌引起的化脓性脑膜炎。脑膜炎球菌呈肾形或豆形，两菌平面相对呈双球状。该菌只存在于人体，传染源是患者和带菌者，人经过飞沫或接触到被污染的物品而感染。致病菌由鼻咽部侵入血循环，形成败血症，最后聚集在脑膜及脊髓膜，形成化脓性脑脊髓膜病变。患者伴有发热、头痛、呕吐、皮肤瘀点及颈项强直等症状。

该菌对干燥、湿热、寒冷等抵抗力极弱。室温放置3小时即死亡。对常用消毒剂也很敏感。对磺胺、青霉素、链霉素和金霉素等敏感。人对脑膜炎球菌抵抗力较强。儿童易感，但感染后仅有2%～3%表现为脑膜炎，绝大多数呈鼻咽炎或带菌状态。

淋病奈瑟菌　淋病是一种性病，是由淋病奈瑟菌引起的，会导致泌尿生殖系统的化脓性感染，也可侵犯眼睛、咽部、直肠和盆腔等部位，还可以通过血液引起全身感染。淋病奈瑟菌呈圆形、卵圆

形或肾形，常成对排列，有菌毛。由奈瑟在1879年发现，因而用他的名字命名。

淋病奈瑟菌的抵抗力比较弱，怕干燥，喜欢在潮湿、温度为35 ~ 36℃、含有二氧化碳的环境中生长。在完全干燥的环境中只能存活1 ~ 2小时，在微湿的衣裤、毛巾、被褥中能生存18 ~ 24小时，而在50℃时只能存活5分钟，对常用的杀菌剂抵抗力很弱，很容易被杀死。

铜绿假单胞菌　铜绿假单胞菌分布广泛，如水、空气、土壤等都有其存在，也存在于正常人肠道、呼吸道及皮肤，是一种常见的条件致病菌。可由各种途径传播，但主要是通过污染的医疗器械、用具及带菌医护人员引起医源性感染，因此对烧伤病房、手术器械及治疗器械等应进行严格消毒。该菌几乎可感染人体的任何组织和部位，经常引起手术切口、烧伤组织感染，表现为局部化脓性炎症，也可引起中耳炎、角膜炎、尿道炎、胃肠炎、心内膜炎、脓胸以及菌血症、败血症。铜绿假单胞菌抵抗力较强，耐许多化学消毒剂与抗生素，56℃下需1小时杀死细菌。

消化道致病菌

幽门螺杆菌　1982年，澳大利亚学者马歇尔（Barry J. Marshall）和沃伦（J. Robin Warren）从慢性胃炎患者的胃窦黏液层及上皮细胞中首次分离出幽门螺杆菌，并以身试菌来证明溃疡确由幽门螺杆菌引起。这一研究成果打破了当时医学界对胃溃疡的错误观念，同时革命性地改变了医学界对胃溃疡的治疗方法。幽门螺杆菌的发现是20世纪末消化医学最大的收获。他们因发现了"幽门螺杆菌及其导致胃炎和消化性溃疡的致病机制"，被授予2005年诺贝尔生理学或医学奖。目前已知，80% ~ 90%的消化性溃疡病由幽门螺杆菌引起，所以诺贝尔奖委员会在声明中说："感谢马歇尔和沃伦的先驱性发现，溃疡病不再是慢性病，通过短期服用抗生素和抑酸剂，能予以治愈。"

幽门螺杆菌是一种螺旋形、对生长条件要求十分苛刻的细菌，是目前所知能够在人胃中生存的唯一微生物种类。这种细菌菌体细长弯曲呈螺形、S形或海鸥状，在胃黏膜黏液层中常呈鱼群样排列，菌体一端有4 ~ 6根鞭毛，体外培养呈杆状。

幽门螺杆菌具有较强的传染性，可通过食物和饮用水进入人体胃内，然后分泌黏附性物质，牢牢地与胃上皮细胞粘连在一起，避免随食物一起被胃排空。同时，借助菌体一侧的鞭毛提供动力穿过黏液层，分泌过氧化物歧化酶（SOD）和过氧化氢酶，保护细菌不受人体白细胞的杀伤，分泌尿素酶水解尿素产生氨，使菌体周围形成"氨云"保护层，以抵抗胃酸的杀灭作用。细菌在胃部落户、定居后，生长繁殖，开始腐蚀胃黏膜，形成炎症病灶，最终发展成胃溃疡等胃部疾病。

幽门螺杆菌受瞩目的原因，是因为它与胃溃疡、十二指肠溃疡，以及胃炎有极为密切的关系，如果不及时治疗可诱发胃癌。流行病学资料表明：胃癌发生率在一些幽门螺杆菌感染率高的人群中较高，而直肠癌、食管癌、肺癌等其他肿瘤与幽门螺杆菌感染率间无明显关系，从而反证了幽门螺杆菌对胃癌的致病作用。世界卫生组织已把幽门螺杆菌列为胃癌的第一类致癌原。研究显示，在胃癌组织中幽门螺杆菌阳性率为69% ~ 95%；幽门螺杆菌感染者的胃癌发生率为2.3% ~ 6.4%。幽门螺杆菌还与胃黏膜相关淋巴瘤的发生有关。因为感染了幽门螺杆菌的患者中这种淋巴瘤的发生率比

未感染者要大3.6倍，根治了幽门螺杆菌的感染，就能使这种淋巴瘤的发生率降低或能使该肿瘤的发展过程得到控制。另外，在分类学上和幽门螺杆菌亲缘关系很近的同属菌猫胃螺杆菌和鼬螺杆菌都能在小鼠中引起类似的病变。

痢疾志贺菌　痢疾志贺菌长得和一般肠道杆菌没有明显区别，菌体杆状，不形成芽孢，没有荚膜，没有鞭毛，但有菌毛。因日本细菌学家志贺洁首先发现而得名。它是以腹泻为主要症状的急性肠道传染病（细菌性痢疾，简称菌痢）的病原菌，也称痢疾杆菌。

细菌性痢疾是最常见的肠道传染病，夏秋两季患者最多。传染源主要为患者和带菌者，通过污染了痢疾杆菌的食物、饮水等经口感染。人类对志贺菌易感，10～200个细菌可使10%～50%志愿者致病。该疾病流行范围广，传播快，发病率高，对人类健康危害甚大，特别是洪涝灾害地区，一旦水源受污染，更容易发生和蔓延菌痢。

痢疾侵入消化道后，依赖菌体表面的菌毛黏附于回肠末端和结肠黏膜的上皮细胞上，继而穿入上皮细胞内生长繁殖，并向邻近细胞扩散。菌体释放的内毒素引起消化道局部黏膜炎症、坏死和溃疡。当内毒素被吸收入血时，引起发热、白细胞数增加，少数患者还可引起中毒性休克或弥散性血管内凝血。此外，痢疾志贺菌还产生肠毒素，引起肠黏膜分泌增加。普通典型症状有畏寒、发热、全身不适、腹痛、腹泻、全腹有压痛，以左下腹明显，大便为黏液样。1～2日内为脓血便，伴里急后重，每日大便次数达10次以上，持续1～2周缓解或自愈，或转为慢性。

沙门菌　沙门菌属细菌主要分布在动物肠道内，菌型繁多，对人类和动物均有致病性。沙门菌感染是世界各地常见的食源性疾病。沙门菌属中的伤寒沙门菌和副伤寒甲、乙、丙沙门菌能够引起以肠热症为主的伤寒、副伤寒，是我国《传染病防治法》中规定报告的乙类传染病之一，除此之外的沙门菌称为非伤寒沙门菌。非伤寒沙门菌引起的腹泻属其他感染性腹泻，属我国法定丙类传染病。鼠伤寒沙门菌和肠炎沙门菌是我国最常见的两种非伤寒沙门菌感染血清型。

非伤寒沙门菌在全球范围流行，婴幼儿感染率较高，60% ～ 80%的病例为散发，也可呈爆发。在英国，非伤寒沙门菌列在食源性疾病爆发病因首位；在美国，非伤寒沙门菌引起的食源性疾病爆发仅次于金黄色葡萄球菌，占第二位。

非伤寒沙门菌感染的临床症状主要表现为腹泻、发热、腹痛、呕吐，一般可持续4 ～ 6天，大多数人不需要使用抗生素就可以痊愈，但少数患者的病情会发展得比较严重，如小孩、孕妇、老人和免疫功能低下者。

非伤寒沙门菌可以通过动物（如牛、老鼠等）粪便污染食物。由于非伤寒沙门菌广泛存在于这些动物的肠道，动物粪便能携带细菌并污染水及食物。食物制作的过程中也可能存在沙门菌交叉污染，如刀、砧板、购物篮或者厨师的手被沙门菌污染后就可以污染其他食物，甚至引起食物中毒。

沙门菌随食物进入消化道后，在小肠和结肠中繁殖，然后附着于黏膜上皮细胞并侵入黏膜下组织，使肠黏膜出现炎症。人在12 ～ 24小时后突然起病，表现为头痛、头晕、呕吐、腹痛、畏寒，大便为黄色或黄绿色、带黏液和血，每日3 ～ 4次至数十次不等。健康的成人持续2 ～ 5天后可恢复，而年老体弱者则可持续几个星期。

沙门菌引起的感染，其程度主要取决于摄入的沙门菌数量、种类和人体的状态。当沙门菌数量达到10万个以上的才出现临床症状；如果摄入菌量较少，即成为无症状带菌者。但对儿童、老人和体弱者，较少量的细菌也能出现临床症状。

产气荚膜梭状芽孢杆菌　产气荚膜梭状芽孢杆菌是在1892年发现的引起魏氏梭菌中毒的病原菌，是一种厌氧菌，是引起食源性胃肠炎最常见的病原菌之一，可引起典型的食物中毒爆发。

产气荚膜梭状芽孢杆菌两端钝圆，直杆状，卵圆形芽孢位于菌体中央或近端，比菌体明显膨大，有些会长有芽孢和荚膜。

如果食用了被产气荚膜梭状芽孢杆菌污染的食物，8 ~ 22小时会开始剧烈腹绞痛和腹泻。病程通常在24小时内，但某些个体的不显著症状可能会持续1 ~ 2周，也有报道称少数患者因为脱水和其他混合感染而死亡。

产气荚膜梭状芽孢杆菌曾被日本侵略者用来制造生物武器，也是一种非常危险、带来深重灾难的细菌。

产毒素的专性厌氧芽孢杆菌

专性厌氧菌指不喜欢氧气的细菌。它们在有氧环境中不能生长，即使在采集或运送标本过程中暴露在有氧环境下细菌也会迅速死亡。破伤风梭菌和肉毒梭菌都是专性厌氧的细菌，细胞内有芽孢，芽孢一般大于菌体的宽度，使细菌膨胀呈梭形。这两类细菌均能产生强烈的外毒素使人和动物致病。

破伤风梭菌　破伤风梭菌于1884年被发现。菌体呈细长杆状，大部分有鞭毛，能运动。培养一天后会产生芽孢。这些芽孢逐渐膨大为球形并移至顶端，细菌就像一个鼓槌。

破伤风梭菌在自然界分布很广，是引起破伤风的病原菌。因为芽孢抵抗力强，破伤风梭菌可在土壤中存活数十年。

破伤风梭菌及芽孢经感染侵入机体后，芽孢萌发，菌体生长繁殖产生毒素而使人致病。但破伤风梭菌是厌氧菌，在一般伤口中不能生长，无氧环境是破伤风梭菌感染的重要条件。窄而深的伤口（如刺伤），混有泥土或异物；局部组织缺血坏死；或同时伴有化脓菌感染等，均易造成厌氧环境。

破伤风梭菌的致病因素为外毒素破伤风痉挛毒素。破伤风痉挛毒素是一种神经毒素，其毒性非常强，仅次于肉毒毒素。破伤风痉挛毒素通过血流到达中枢神经，破坏上下神经元之间的正常抑制性冲动的传递，导致兴奋性异常增高，引起伸肌、屈肌同时收缩而全身横纹肌痉挛，身体呈角弓反张，面部发绀、呼吸困难，最后可因窒息而死。

如果我们不小心受伤，特别是伤口很深的时候，怎么办？一定要去医院打一针预防针。那个针剂就是破伤风疫苗，它可以保护我们不会感染破伤风梭菌。

空肠弯曲菌　空肠弯曲菌是引起散发性细菌性肠炎最常见的菌种之一。菌体形态细长，呈弧形、螺旋形、S形或海鸥状，一端或两端有单鞭毛。干燥环境中仅能存活3小时，室温下可存活2～24周。

空肠弯曲菌广泛分布于动物界，可引起动物和人类的腹泻、胃肠炎和肠道外感染，其感染呈世界性分布，近年来发病率明显升高，已成为细菌性腹泻中最常见的致病菌。该菌常通过污染饮食、牛奶、水源等被食入，或与动物直接接触被感染。由于空肠弯曲菌对胃酸敏感，经口食入至少10000个细菌才有可能致病，该菌在

小肠内繁殖，侵入肠上皮引起炎症。临床表现为痉挛性腹痛、腹泻、血便或果酱样便，量多；头痛、不适、发热。病程5～8天。

肉毒梭菌　肉毒梭菌于1896年被发现。肉毒梭菌两侧平行，两端钝圆，直杆状或稍弯曲，有4～8根周鞭毛，芽孢呈椭圆形，位于近极端，使细菌呈网球拍状。有时形成长丝状或链状，有时能见到舟形、带把柄的柠檬形、蛇样线状、染色较深的球茎状。

肉毒梭菌广泛存在于自然界，其产生的毒素在干燥密封和阴暗的条件下可保存多年，且无色、无臭、无味，不易被人察觉，唯对热敏感，加热80℃以上即可使其迅速破坏，失去毒力。腊肠、火腿、鱼及鱼制品和罐头食品等是引起肉毒毒素中毒的原因之一。

肉毒毒素的毒性极强，是最强的神经麻痹毒素之一。肉毒毒素是目前已知的最毒的剧毒物，其毒性比化学毒剂氰化钾还要大1万倍。只要1毫克（相当于两粒芝麻）就能杀死4000只小白鼠。一个人的致死量大概为1微克，非常可怕。

肉毒毒素具有嗜神经性，进入机体后作用于脑及周围神经末梢的肌肉接头处，阻止乙酰胆碱的释放，导致肌肉麻痹。肉毒中毒是由于误食含有肉毒毒素的食品而引起的纯粹的细菌毒素食物中毒。人的肉毒毒素中毒发生并不多，但是发病急，潜伏期较短，一般为6～36小时，最长60小时。主要症状有视力减弱、全身无力、伸舌和张口困难、抬头费力、呼吸和吞咽困难、瞳孔散大等。

人畜共患的致病菌

丹毒丝菌　丹毒丝菌是一种纤细微弯的杆菌，可导致丹毒。丹毒是一种人畜共患的疾病，很多哺乳动物和禽类都易患该病，和人类最相关的要数猪丹毒。家猪是丹毒丝菌的主要寄主，至少有

30%外表健康的猪扁桃体内藏有丹毒丝菌，因而那些从事肉类加工的人员有可能感染丹毒丝菌。猪丹毒流行于世界各地，而且我国是猪丹毒流行较严重的国家之一。

人感染丹毒丝菌后，皮肤出疹，高热，会引发败血症，还会导致死亡。丹毒丝菌性多关节炎俗称僵羔病，是绵羊羔四肢关节的一种慢性感染，以长期跛行和生长缓慢为特征。在20世纪30年代和40年代发病率高，以后发病率逐渐减少，可能是由于普遍重视新生羔脐带消毒与采用橡皮圈法断尾和去势有关。

李斯特菌　李斯特菌是一种人畜共患的传染病的病原菌，世界各地都有分布，人类的感染有增多的趋势。李斯特菌在1926年从兔子中被分离出来，英国外科医师曾对感染此菌的临床表现有详细记载，1940年这种细菌被改称为单核细胞增多性李斯特菌。

单核细胞增多性李斯特菌感染后，会引发脑膜炎、败血性肉芽肿、淋巴结肿大等症状。此病主要通过吸入、食入或直接接触污染物而传播，人与人之间也可直接传播。患病孕妇体内的病原体还可以通过胎盘或产道感染胎儿或新生儿。该病病死率高，有时患者应用抗菌药物治疗后的死亡率仍为30%。

布氏杆菌　布氏杆菌是一种革兰阴性短小球杆菌，可引起人畜共患的布氏杆菌病传染病。布氏杆菌有好多类型，感染人者主要为羊、牛和猪型。大多数人容易感染这种疾病，并可重复感染或慢性化。患了此病后会有长期发热、多汗、关节痛、肝脾大等症状。

布氏杆菌在自然界中抵抗力强，在病畜的脏器和分泌物中能存活4个月左右，在食物中大约能生存2个月。对低温的抵抗力也强，但对热和消毒剂抵抗力弱。

土拉伦斯菌　土拉伦斯菌可引起人畜共患的传染病，此病也被称为兔热病。1907年Martin在美国发现该病患者，1911年由McCoy和Chapin在加利福尼亚州土拉县(Tular county)的黄鼠中首次分离到病原体。1921年Francis将此病命名为土拉菌病(tularemia)。

土拉伦斯菌可感染250种以上的野生及饲养的哺乳类、鸟类、爬虫类、鱼类及人类，能由飞沫、直接接触、摄食或昆虫等途径传染。人类因食入或接触受染动物而被土拉伦斯菌感染。吸入飞沫中的细菌，能造成肺部感染；直接接触或食入野生动物感染的尸体，会造成溃疡性小腺体、眼睛小腺体、口咽部淋巴腺炎或伤寒状的感染。患者几乎都可治愈。未经治疗者病死率约为6%。死亡通常发生于严重的感染、肺炎、脑膜感染（脑膜炎）、腹腔感染（腹膜炎）。患过病后，可获得免疫。

猪链球菌　链球菌属条件性致病菌，种类很多，在自然界和猪群中分布广泛。猪群带菌率高达30%～75%，但不一定发病。高温高湿、气候变化、圈舍卫生条件差等应激因子均可诱发猪链球菌病。猪链球菌病是一种人畜共患的急性传染病。猪链球菌感染不仅可致猪败血症、肺炎、脑膜炎、关节炎及心内膜炎，而且可以通过伤口、消化道等途径传染给人，并可致人死亡。

近年来在欧洲、美洲和亚洲多个国家均有猪感染发病且致人死亡的报道。中国将猪链球菌病列为二类动物疫病。新中国成立以来，疫情在广东、江苏等多个省份先后发生。2006年四川省资阳市部分地区相继发生由猪链球菌病感染所致猪死亡，并感染至人，200余例病患中死亡37例。

隐藏在水管中的军团菌

军团菌是一种环境感染性致病菌，可引起急性呼吸道传染病，即军团菌病。军团菌病是伴随着人类社会进步和经济发展而出现的一种新的传染性疾病。

军团菌病首发于1976年美国费城的一次退伍军人大会，当时大会上肺炎爆发并流行，导致221人发病，34人死亡，引起人们的关注。由于病因不明，且患病的人又都是退伍军人，因此被称为"军团菌病"。次年从死者肺组织中分离出一种新的病原体，1978年国际上正式将该病原体命名为嗜肺军团菌。随后欧洲、澳洲等不同国家或地区相继发现军团菌病例。每次爆发都引起世人的广泛关注。世界卫生组织由此把该病列入疾病传报范围。1982年，我国南京首次证实了军团菌病，此后全国已有多起军团菌病的散发与爆发流行的报道。

军团菌是一种需氧革兰阴性杆菌，不形成芽孢，无荚膜，嗜热怕冷，但人工培养却极其困难，这也是它迟迟未被发现的主要原因。

军团菌喜欢藏身于各种水源中，尤其在空调冷却水和人工管道水中广泛存在。在普通自来水中可存活400天以上，在自然条件下水温在31～36℃时可长期存活，在60℃左右甚至在火山口附近的水坑里都有军团菌的踪迹。随着生活水平的逐步提高，热水管、喷水池、淋浴及加湿器等设备的普及，这些都有可能增加军团菌病的危险性。军团菌是潜藏在集中空调里最致命的杀手。因而，军团菌病在国际上已被视为"现代生活文明病"。

那么，水中的军团菌又是怎样潜入人体肺中"安营扎寨"的？

军团菌主要通过呼吸道感染，气溶胶是军团菌传播的主要载体。供水系统可通过人工喷泉、水龙头、涡流浴、泡泡浴等方式形成气溶胶，冷却塔和空调风机一旦把含有军团菌的气溶胶吹到空气中，人在正常呼吸时，就会将空气中含有军团杆菌的气溶胶吸入呼吸道内，致使军团杆菌有机会侵染肺泡组织和巨噬细胞，引发炎症，导致军团菌病。

军团菌病起病缓慢，经2～10天潜伏期而急骤发病。一旦发病患者就会出现高热、头痛、寒战、咳嗽、胸闷、乏力等类似于上呼吸道疾病的一些症状。严重者有神经精神症状，如感觉迟钝、谵妄，并可出现呼吸衰竭和休克。一旦爆发流行它的危害是相当大的，死亡率在5%～30%。

新的敌人——大肠杆菌O157、O104:H4，"超级细菌"……

大肠杆菌变种O157　大肠杆菌称得上是和人类关系最密切的细菌了。这种细菌为两端钝圆的短小杆菌，样子好似一节手指。多数长有比鞭毛细、短、直且数量多的菌毛，有的菌株具有荚膜。大肠杆菌是人及各种动物肠道中的正常寄居菌，由埃希在1885年发现，所以也被称为大肠埃希菌。

大肠杆菌绝大多数对人体无害，但致泻性大肠杆菌可引起腹泻，被称为病原性大肠杆菌。"O157"是一种大肠杆菌变种。"O"是德语对这种细菌称谓的第一个字母。大肠杆菌因其抗原抗体反应不同，截至目前被分为173种。O157于1982年被美国科学家定为第157种而得名。过去人们一直认为，寄生在人肠道里的O157也对人体无害。但世界各地不断出现大肠杆菌O157相关疾病的爆发，直到1982年以来科学家们才认识到其会释放一种毒素，得出它与肠道疾病相关的结论。只要有10个大肠杆菌O157就足以致病。1996年7月在日本大阪地区发生的大肠杆菌O157感染可以说是有史以来最大的一次爆发流行了。这次流行随后波及了日本的40多个府县，患者总数达到近万人。2006年9月，美国的菠菜被大肠杆菌O157污染，疾病波及半个美国。最后调查发现，养牛场的粪便污染了菠菜种植地的水源，导致美国"毒菠菜"风波。

感染上大肠杆菌O157的潜伏期一般为3天。患者往往都伴有剧烈的腹痛、高热，出现脱水腹泻或出血腹泻，病情严重者并发溶血性尿毒症症候群和脑炎，危及生命。目前，日本、加拿大及瑞士等国已将O157列为必须报告的传染病，予以高度重视。

大肠杆菌O157常附在家畜的内脏表面，耐冷冻，在20℃即可繁殖。在人的体温下，其繁殖能力可提高4倍。但它不耐高温，75℃即可致死，食品加热是防范它的有效手段。

"超级细菌"　　所谓"超级细菌"，就是指对大多数临床应用的抗生素产生耐药性的细菌。

2010年8月英国出版的世界权威刊物《柳叶刀——传染病》介绍，一种超级细菌正在一些国家流行。根据文献记载，一名59岁男性印度籍瑞典人于2007年11月回到印度，12月在新德里一家医院做了手术，住院期间使用了阿莫西林、丁胺卡那霉素、加替沙星、甲硝唑等抗生素。2008年1月8日回到瑞典。1月9日，从他的尿液中分离到一株肺炎克雷伯菌。后来发现，这株细菌携带一种新的金属 β - 内酰胺酶，对多种抗生素耐药，被命名为NDM-1。由于新发现的NDM-1细菌几乎对所有的抗菌药物产生耐药性，因而被称为NDM-1超级细菌。

　　金属 β - 内酰胺酶的作用是专门破坏临床上常用的 β - 内酰胺类抗生素，包括青霉素。这些抗生素含有一种环状结构，能够阻碍细菌的复制，从而消灭细菌。金属 β - 内酰胺酶破坏该类抗生素的环状结构，致使含有金属 β - 内酰胺酶的细菌对该类抗生素产生耐药性。

　　令人担忧的是，NDM-1基因可以在不同的细菌之间传递。NDM-1基因存在于细菌体内一个可以移动的，并带有其他抗性基因的质粒上，很容易向其他细菌传播与扩散。如今，NDM-1超级细菌已经在法国、比利时、美国、加拿大、澳大利亚、日本等国家发现。这一传播速度令人震惊。在全球化进程中，国际旅游、医疗旅游都是传播速度加快的重要原因。而NDM-1基因很有可能在短时间内到达世界各地。

　　目前临床上遭遇的"超级细菌"一般指的就是"ESKAPE"。这6个字母分别代表了6种著名的耐药菌——耐万古霉素肠球菌、耐甲氧西林的金黄色葡萄球菌、肺炎克雷伯菌、鲍曼不动杆菌、铜绿假单胞菌和肠杆菌。

　　为此，研究人员发出警告，耐药细菌基因的传播可能意味着抗生素时代的终结。

　　肥胖的新元凶——阴沟肠杆菌　美国华盛顿大学戈登教授、比利时天主教卢文大学喀尼教授等先后在2004年和2007年进行过肠道菌群与脂肪代谢、胰岛素抵抗等相关研究并取得进展，但对于能调控动物的脂肪代谢的基因表达、产生内毒素引起肥胖和炎症的细菌到底是哪些种类，国际上一直没有能"验明正身"。

　　我国学者赵立平领导的团队近年来的研究发现，用一种分离来自肥胖患者体内的肠道细菌"阴沟肠杆菌"，接种到无菌小鼠体内，

结果在无菌小鼠体内引起了严重的肥胖和胰岛素抵抗，也可以关闭
消耗脂肪需要的基因、激活合成脂肪的基因，这种细菌数量的减少
会导致体重相应减少，这为肠道菌群参与人体肥胖、糖尿病发生发
展的"慢性病的肠源性学说"提供了最直接的实验证据，在国际上
首次证明肠道细菌与肥胖之间具有直接的因果关系。

细菌
简史

与人类的永恒博弈

第三章
一场发生在人体内的无声大战

))))))

导读

可以说，我们是"生活在细菌的海洋"中，无时无刻不在面临着病原菌的侵袭。但是，为什么我们在通常情况下还是那么健康？难道细菌无法侵入我们的"金刚不坏"之身？是谁在保卫着我们的健康呢？这一场旷日持久的"保卫战"是怎样进行的？在这一场战争中又有哪些"惊心动魄"的场景？

致病菌侵入人体后，在我们看不见的战线上，会发生怎样的战斗呢？现在，我们就来探秘这场没有硝烟的侵略和反侵略的免疫战争。

细菌入侵人体的"路线"

各种病原菌侵入人体的"路线"是不同的。呼吸道、消化道、皮肤伤口和泌尿生殖道等是它们入侵的主要途径（图3-1）。

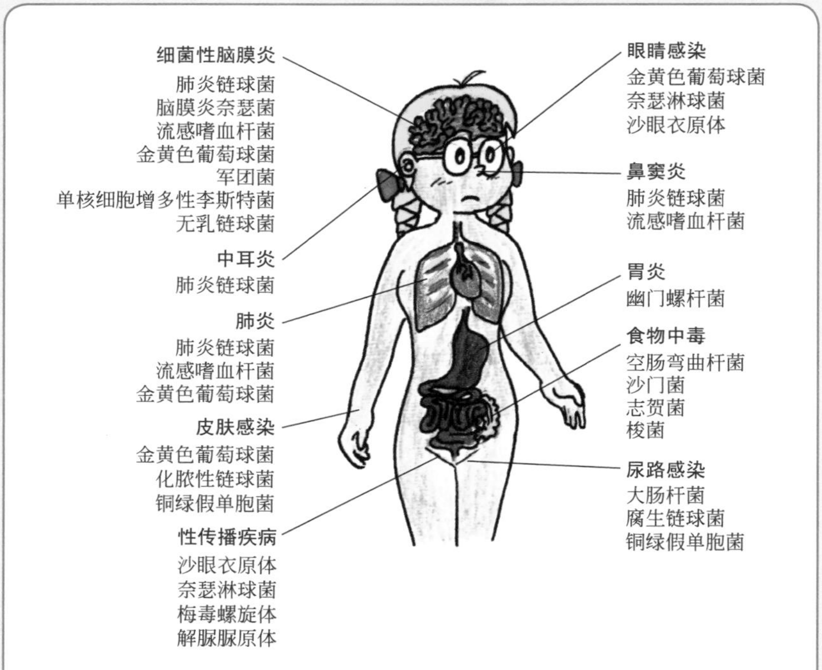

细菌性脑膜炎
肺炎链球菌
脑膜炎奈瑟菌
流感嗜血杆菌
金黄色葡萄球菌
军团菌
单核细胞增多性李斯特菌
无乳链球菌

中耳炎
肺炎链球菌

肺炎
肺炎链球菌
流感嗜血杆菌
金黄色葡萄球菌

皮肤感染
金黄色葡萄球菌
化脓性链球菌
铜绿假单胞菌

性传播疾病
沙眼衣原体
奈瑟淋球菌
梅毒螺旋体
解脲脲原体

眼睛感染
金黄色葡萄球菌
奈瑟淋球菌
沙眼衣原体

鼻窦炎
肺炎链球菌
流感嗜血杆菌

胃炎
幽门螺杆菌

食物中毒
空肠弯曲杆菌
沙门菌
志贺菌
梭菌

尿路感染
大肠杆菌
腐生链球菌
铜绿假单胞菌

图3-1 致病菌及引起的疾病

从呼吸道入侵

呼吸道是沟通内外的大通道，也是病原菌入侵的"大道"。结核分枝杆菌、白喉杆菌、百日咳杆菌和肺炎双球菌等病原菌就是借助空气，从呼吸道侵入人体，引起肺结核、白喉、百日咳和肺炎等。这些患者也是"传染源"，在他们的呼吸道中滋生着很多这样的病菌。当患者咳嗽、吐痰、打喷嚏或大声讲话时，病菌就会随着飞沫到处扩散。

从消化道入侵

俗话说"病从口入"。消化道是病原菌侵入人体的另一条"大路"。引起肠胃道疾病的病菌如痢疾杆菌、幽门螺杆菌、伤寒杆菌、霍乱弧菌等是借助这条通道侵入人体的。

从皮肤伤口入侵

如果皮肤受损，伤口是病菌乘虚而入的另一条通道。破伤风杆菌就是通过破损的皮肤侵入人体，并在伤口深部缺氧环境中生长繁殖，引起感染。

从泌尿生殖道入侵

淋病奈瑟菌通过泌尿生殖道侵入，引起尿道炎、宫颈炎等。如治疗不及时，还可以侵入泌尿生殖道的其他部位，引起附睾炎、前列腺炎、输卵管炎和盆腔炎等。

通过昆虫入侵

有些病原菌通过昆虫或其他动物作为媒介进行传播，如鼠疫杆菌借助于鼠身上的跳蚤传播鼠疫。

病原菌侵入人体的途径并非是单一的。有些病原菌，如炭疽芽孢杆菌可以通过呼吸道、消化道和皮肤伤口等多种途径侵入人体，引起相应部位或全身性的疾病。

细菌入侵人体的"战术"

病原菌是运用了哪些战术突破人体的防线而大举入侵的呢？

依靠"胡须"菌毛入侵"阵地"

每当秋天野外郊游归来，你会发现不知什么时候衣服上挂着苍耳的果实。仔细察看，原来它的刺毛顶端带有倒钩，因而不易脱落。病原菌的菌毛就有类似的作用。细菌利用菌毛选择性地粘着在人体的某些上皮细胞和黏膜上。如淋球菌的菌毛可使细菌吸附在尿道黏膜表面不被尿流冲出，大肠杆菌的菌毛能黏附于肠道上皮细胞，链球菌靠菌毛黏附于口腔黏膜。

没有菌毛的病原菌容易被呼吸道的纤毛运动、肠蠕动或黏液分泌等活动所清除。因此，一旦细菌失去菌毛，也就丧失了使人体生病的部分能力。此外，有的细菌分泌某些黏性的大分子物质，由这些大分子物质与人体细胞表面的特定分子结合，从而牢固地黏附在侵入部位。

当病原菌通过菌毛或黏性物质黏附在人体的呼吸道、消化道及泌尿生殖道的黏膜和上皮细胞后，有的以此为"据点"生长繁殖，引起感染；有的穿透细胞和黏膜，在上皮细胞内生长和繁殖，造成浅表组织损伤；有的继续入侵到人体深层组织，引起疾病。

依靠"防弹衣"荚膜抵御"我军"的追杀

有些病原菌，如肺炎球菌、炭疽杆菌等，在细胞最外层具有黏性或胶状的荚膜。细菌有了荚膜的保护，就好像穿上了防弹衣，可以刀枪不入，躲避人体的防御功能。

细菌荚膜抵御和逃避"我军"追杀的能力主要有两个方面。一是抗吞噬作用：荚膜因其亲水性及其空间占位、屏障作用，可有效抵抗人体吞噬细胞的吞噬作用。二是抗损伤作用：荚膜可有效保护细菌免受或少受多种杀菌或抑菌物质（如溶菌酶等）对细菌的损伤（图3-2）。

图3-2　细菌的抗吞噬和抗损伤

释放"导弹"酶突破人体的"堡垒"

人体的结缔组织具有比较坚固的结构，就像中国古代建造的万

里长城，可以限制病原菌的扩散。然而，道高一尺、魔高一丈。病原菌也装备了多种"导弹"来突破人体的组织堡垒。所谓的"导弹"就是病原菌产生的各种具有侵袭作用的酶。这些酶能水解机体组织、细胞和蛋白质，从而使机体的组织疏松、通透性增加，有利于病原菌的迅速扩散。

透明质酸酶 透明质酸是一种由多糖组成的、外观透明的黏性胶状物质，填充在人体的细胞与胶原空间中，且覆盖在结缔组织上，起着"胶合剂"的作用。肺炎球菌、葡萄球菌等病原菌能分泌透明质酸酶，破坏透明质酸，从而使原本坚固的结缔组织细胞间隙扩大，如同海绵一样疏松，病原菌在海绵空隙中可以自由运动，甚至可以扩散到全身。图3-3为透明质酸被细菌释放的透明质酸酶破坏的过程。

图3-3　透明质酸被细菌释放的透明质酸酶破坏的过程

胶原酶 胶原蛋白存在于人体皮肤、骨骼、牙齿、肌腱等部位，是结缔组织的"黏合物质"。有的梭菌能分泌胶原酶，水解肌肉和皮下组织中的胶原蛋白，使其结构松弛，从而便于细菌在组织中扩散。

链激酶 人体为了阻挡病原菌的进攻，在细菌入侵的部位常常形成血纤维蛋白凝块。但是，有的病原菌能产生链激酶，使血液中的血纤维蛋白溶酶原激活成为活性的血纤维蛋白溶酶，再由后者溶解血纤维蛋白凝块。去除了这一屏障后，细菌就可以在组织内进一步蔓延扩散了。

链道酶 人体细胞死亡时会释放出细胞内的遗传物质DNA，使局部成黏稠的脓汁状。如此黏稠的结构使得细菌很难在其中自由运动并扩散到其他位置，就如同小虫被困在黏稠的糨糊里难以动弹一样。有的病原菌会产生链道酶，链道酶可以把DNA水解成比较小的片段，降低黏稠度，使脓汁变稀，有利于细菌的扩散。

溶血素 许多病原菌都能产生破坏人体细胞膜的溶血素，使细胞溶解而死亡。

细菌使人生病的"致命武器"

病原菌实施上述"战术"的目的是：破坏人体的部分组织结构，在人体中生长繁殖。这种损伤和大量病原菌的存在，会引起感染。此外，细菌还拥有使人生病的"致命武器"，那就是毒素。病原菌产生的毒素又可分为外毒素及内毒素两大类。

外毒素

外毒素是许多病原菌在生长过程中合成的某些毒性物质。它不但分泌到细菌体外，而且可以从细菌感染的位点向身体较远的部位进行扩散，并选择性地作用于人体特定的组织器官，从而引起各种疾病（图3-4）。

图3-4　外毒素的致病性

外毒素主要是由革兰阳性菌产生的蛋白质，如白喉杆菌、破伤风杆菌、痢疾杆菌、霍乱弧菌等产生的外毒素。外毒素不仅种类多种多样，致病性千差万别，而且对人体细胞的亲和性及作用方式也是各不相同的。

破伤风毒素　破伤风梭菌是一种来自土壤的厌氧菌。当我们不小心弄破了手足而且伤口比较深时，或者被锈铁钉扎到时，破伤风梭菌就可能会乘机侵入伤口，在伤口深部生长繁殖，分泌外毒素——破伤风毒素。

破伤风毒素对中枢神经系统有高度的亲和力。一旦进入中枢神经系统，此毒素就会固定在神经突触上，能阻断甘氨酸释放。甘氨酸是一个可以诱使肌肉松弛的因子。因此,破伤风毒素可以使伸肌和曲肌的运动神经同时强烈收缩,肌肉僵直痉挛、抽搐和瘫痪。如果涉及口腔肌肉,痉挛会影响说话和饮食。如果关系到呼吸系统的肌肉,就会窒息而死亡。破伤风毒素的毒性很强,与神经突触的结合是不可逆的,一般无有效的治疗方法。因此碰到这种情况必须及时到医院去注射预防针。

肉毒毒素 肉毒梭菌产生的外毒素称为肉毒毒素,它能阻碍神经末梢起传递信息作用的乙酰胆碱的释放,影响神经冲动的传递,导致肌肉迟缓性麻痹,引起眼睑下垂、复视、吞咽困难等,严重的可因呼吸肌肉麻痹不能呼吸而死亡。由肉毒毒素导致的中毒死亡率接近100%,但可以通过快速使用抗毒素抗体和人工呼吸机来降低死亡率。

近年来,人们利用肉毒毒素阻断神经与肌肉的介质传导的原理,让过度收缩的肌肉松弛,以达到脸部美容的功效。

白喉毒素 白喉杆菌经呼吸道传染,于鼻咽部黏膜上皮细胞处增殖并分泌白喉毒素。白喉毒素是一种毒性极强的细胞毒素,它结合在外周神经末梢、心肌等处,干扰那些细胞的蛋白质合成,患者的咽、喉等处黏膜充血、肿胀并有灰白色伪膜,严重者可引起心肌炎与末梢神经麻痹。

霍乱毒素 霍乱弧菌随食物、饮水进入机体消化道,黏附于小肠黏膜并于表面吸附,迅速生长繁殖,分泌霍乱肠毒素。霍乱肠毒素进入小肠上皮细胞,增加细胞内腺苷环化酶的活性,进而刺激肠黏膜的分泌功能,使腔肠中离子平衡改变,引起大量的肠液进入腔肠,导致腹泻,严重者出现上吐下泻,脱水和代谢性酸中毒,甚至产生休克和死亡。

内毒素

内毒素是革兰阴性细菌细胞壁外膜中的脂多糖成分。因为脂多糖是细菌的一个结构成分，不分泌到细菌细胞外，仅在细菌自溶、裂解死亡后才释放出来，所以称为内毒素（图3-5）。

图3-5　内毒素的致病性

不同的革兰阴性细菌，其脂多糖结构基本相似，因此，凡是由内毒素引起的感染，其毒性反应大致相同，主要有以下几种。

第一是发热反应。内毒素作用于人体的免疫细胞，使人体产生各种免疫因子，这些免疫因子作用于人体下丘脑的体温调节中枢，促使体温升高发热。人体对细菌内毒素极为敏感。极微量（1～5纳克/千克体重）的内毒素就能引起体温上升，发热反应持续约4小时后才逐渐消退。

第二是白细胞反应。细菌内毒素进入人体内以后，白细胞中的中性粒细胞发生移动并黏附到组织毛细血管上，致使血液中的中性粒细胞数量迅速减少。不过1～2小时后，由内毒素诱导产生的中性粒细胞释放因子刺激骨髓释放中性粒细胞，中性粒细胞进入血流而数量显著增加。

第三是内毒素休克。当大量内毒素进入血液时，作用于机体的免疫细胞，促使机体产生白细胞介素等一系列生物活性物质。这些物质作用于小血管造成功能紊乱、微循环障碍，临床表现为微循环衰竭、低血压、缺氧、酸中毒等，最后导致患者休克，这种反应称为内毒素休克。

关于内毒素休克，过去曾有过惨痛的教训。20世纪40年代青霉素刚问世的时候，医生发现青霉素对脑膜炎奈瑟菌引起的流行性脑膜炎疗效非常显著。因此，凡发现这类患者，一律优选青霉素进行治疗，并且按照一般规律，用药剂量随病情严重程度而递增。结果发生了意外，用大剂量青霉素治疗重症脑膜炎患者时，不少患者发生了内毒素休克而死亡。后来经过研究分析，发现了其中的原委。病情严重的患者，体内存在的病原菌数量多，医生采用大剂量青霉素"轰炸"，意欲"一举歼敌"。快速、彻底杀灭病原体，这种战术无可非议，但有些医生忽略了病症的另一方面，即流行性脑膜炎的病原菌是革兰阴性菌，其致病物质是内毒素。如用大剂量青霉素一下子将全部病菌杀死，会使大量内毒素一次放出，引起内毒素休克，加速了患者的死亡。现在的治疗方案一方面仍然用大剂量的有效抗菌药物去对付，同时要加用激素类药物，以保护内毒素敏感细胞不发生由内毒素诱导产生的细胞因子反应，从而度过"休克"难关。犹如外科手术时，采用麻醉药使患者丧失痛觉一样。

奋然狙击"入侵者"的人体免疫系统

在瞬息万变的生活环境中，每天向你袭击的病原菌何止千万，人体是靠什么来反抗侵略保护自己的呢？那就是一条又一条纵深的

"防线"，一道又一道驻守的"重兵"。这些"防线"和"重兵"不仅能够把侵略者阻挡在体外，而且还能向侵略者发起进攻，予以消灭，这就是人体的免疫系统。

免疫系统的功能是多样的，除了能清除体内自然衰老或损伤的细胞、免疫调节外，还具有发现并清除癌细胞的免疫监视功能。在与病原菌的斗争中，免疫系统发挥的是免疫防御的功能，既识别并清除病原菌，又产生各种免疫因子中和病原菌的各种毒素。这是机体免除传染性疾病的一种保护性功能。

人体对病原菌的免疫分为天然免疫和获得性免疫两种。

天然免疫是人类在长期的进化过程中逐渐形成的。这是人天生即有、对病原菌无特殊针对性的天然抵抗力，所以也称为非特异性免疫。人的天然免疫主要由皮肤、黏膜及其分泌的抑菌杀菌物质，以及体内多种非特异性免疫效应细胞，如吞噬细胞、自然杀伤细胞（NK细胞）、肥大细胞，及其一些有关的效应分子组成（图3-6）。

获得性免疫是人体接触特定的病原菌而产生的，仅针对该特定的病原菌而发生反应，所以也称为特异性免疫。它通过能特异性识别病原菌的免疫细胞而发挥作用。入侵的病原菌有选择性地刺激能识别它的特异性淋巴细胞，淋巴细胞发生增殖和分化，成为效应细胞（如T淋巴细胞），直接执行吞噬、杀伤等细胞免疫功能。另一些分化的细胞（如B淋巴细胞），能产生各类免疫球蛋白（抗体），通过把免疫球蛋白释放到体液中而发挥免疫作用。而吞噬细胞虽有识别能力，但没有特异性识别能力，它在特异性免疫过程中只是起到呈递细菌抗原的作用（图3-7）。

图 3-6 人体的天然免疫

图 3-7 人体的获得性免疫

抵御细菌入侵的"第一道防线"

难以入侵的天险——皮肤和黏膜　皮肤和黏膜是人体保护自己，防止病菌入侵的天然屏障。

人体的皮肤是由连续、完整的鳞状上皮细胞组成，外表面的角质层坚韧而不可渗透，这就构成了阻挡病原菌入侵的第一道屏障。同时，皮肤上的汗腺和皮脂腺分泌乳酸和脂肪酸，使皮肤的酸性增加，具有抑制病原菌的作用。

我们的呼吸道（支气管以上）、消化道和泌尿生殖道（外侧段）表面由黏膜覆盖，它的屏障作用较弱。但是，当病原菌侵入到黏膜时，机体可以采用纤毛运动、咳嗽和喷嚏等机械方式排出病原菌。同时，黏膜所分泌的黏液、眼泪、唾液和乳汁中含有溶菌酶、抗菌肽、天然抗体等抗菌物质。此外，眼泪、唾液和尿液具有清洗作用，胃液中的胃酸、精液中的精胺等具有杀菌作用。

人体的皮肤和黏膜上覆盖着大量的正常菌群，它们不但占据空间，使病原菌无处附着和生长，而且还具有抑制病原菌的作用。例如，口腔中某些细菌可产生过氧化氢，能杀死白喉杆菌、脑膜炎球菌等；肠道中的大肠杆菌能分泌大肠杆菌素，抑制病原菌的定居和繁殖。

没想到吧，看似薄薄的皮肤和黏膜还有这么大的作用。

中枢神经的卫士——血脑屏障　血脑屏障是由软脑膜、脑毛细血管外壁和星状胶质细胞等组成。它具有细胞间连接紧密、胞饮作用弱的特点，可以阻挡血液中的病原菌及其毒素进入脑组织，从而保护中枢神经系统（图3-8）。

需要注意的是，婴幼儿的血脑屏障尚未发育成熟，老人因为供

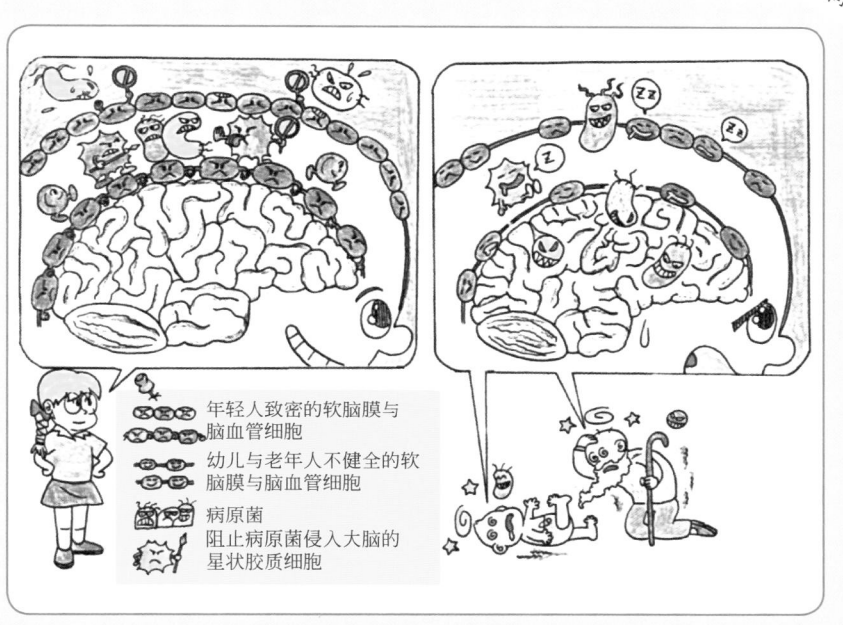

图3-8 血脑屏障

血较少而血脑屏障功能不健全，因此，婴幼儿和老人在感染时比较容易出现中枢神经系统症状，如惊厥、昏迷等。

幼小生命的守护神——血胎屏障 如果宝宝还在妈妈的肚子里，那么还会有一个屏障，那就是血胎屏障（图3-9）。

血胎屏障主要是由母体子宫内膜的基蜕膜和胎儿绒毛膜共同组成的。它不妨碍母亲和宝宝之间物质的交换，但可以阻挡细菌等微生物进入胎儿体内。因此，如果血胎屏障完全发育成熟，即使母亲发生感染，胎儿也可以免受病原菌侵袭。但是，在妊娠早期，即妊娠的前3个月，血胎屏障发育不完全，此时如果孕妇发生感染，病原菌就会通过发育不健全的胎盘进入胎儿体内，影响胎儿发育，甚至造成胎儿畸形。

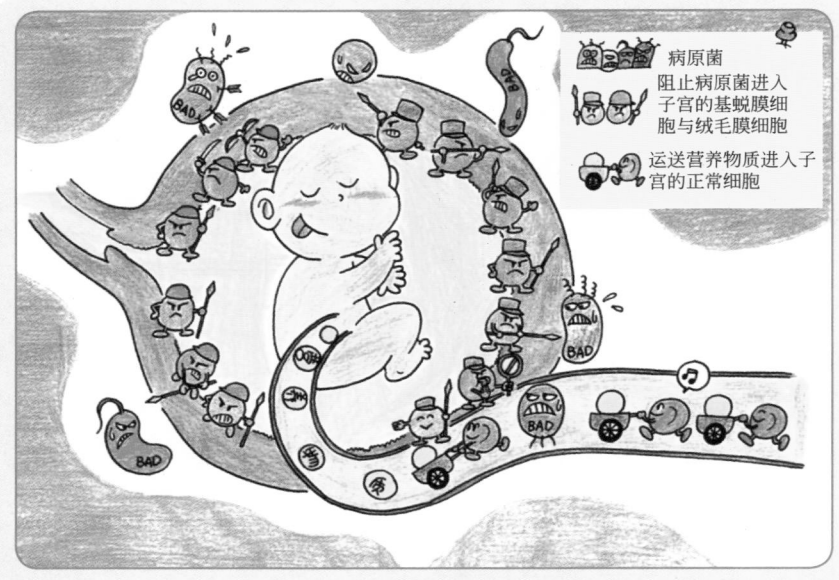

图 3-9　血胎屏障

抵御细菌入侵的"第二道防线"

　　病原菌即使突破了"第一道防线"组成的非特异性免疫系统，也不能轻易使人患病，因为它还要遭遇人体非特异性免疫系统的"第二道防线"。这道防线由吞噬细胞的吞噬作用、正常体液和组织中的抗菌物质和炎症反应组成。

　　刺刀见红的"肉搏战"——吞噬细胞的吞噬作用　吞噬细胞从形态上可分为大吞噬细胞和小吞噬细胞两类。大吞噬细胞包括单核细胞和巨噬细胞。单核细胞是白细胞的一种，是血液中最大的细胞。如果单核细胞渗出血管，进入组织和器官，就分化发育成巨噬细胞，成为机体内吞噬能力最强的一种细胞。小吞噬细胞是指白细胞中的中性粒细胞和嗜酸性粒细胞。

　　吞噬细胞的表面有多种可以识别并结合病原菌的受体（受体是细胞表面组分中的一种分子，可以识别并特异地与被称为配体的物质结合），从而激活或启动吞噬过程，以及激活吞噬细胞内部的溶酶体，将细菌杀死（图3-10）。溶酶体为吞噬细胞内由单层脂蛋白膜包绕的，内含一系列酸性水解酶的小体，它能分解很多种物质，因此溶酶体被比喻为细胞内的"酶仓库"或"消化系统"。

图3-10　吞噬细胞正在吞噬病原菌

　　许多病原菌入侵机体时，会分泌趋化因子。趋化因子将吸引大量的吞噬细胞穿过毛细血管壁，向病原菌感染的部位迁移。大部分病原菌可在此被吞噬杀灭，少部分未被吞噬的病原菌，可经淋巴管到达淋巴结，被淋巴结中的吞噬细胞吞噬消灭。即使少数毒力强、数量多的病原菌未被淋巴结所阻挡，而侵入血液或其他器官，仍可由血液、肝脏、脾脏和骨髓中的吞噬细胞所吞噬。

　　一些化脓性球菌被吞噬后，一般在5～10分钟内死亡，30～60分钟内被完全分解。但是，由于人体的免疫力不同、病原菌的种类和毒力不同，有些病原菌如结核分枝杆菌，具有某种机制能抵抗吞噬溶酶体的形成，或抵抗溶菌酶的杀菌作用，因此，这些病原

菌被吞噬后，非但不被杀灭，反而受到保护，随着吞噬细胞的移动到处扩散，造成潜在的致病隐患。

捕捉漏网的入侵者——体液和组织中的抗菌物质　在正常的体液和组织中含有多种抗菌物质，它们一般不能直接杀灭病原菌，但是却能配合免疫细胞、抗体（病原菌侵袭人体后，由免疫细胞产生的免疫球蛋白，可与病原菌结合，起抗感染的作用）或者其他防御因子，使它们发挥较强的免疫功能。

补体主要由巨噬细胞和肝细胞产生，是存在于人体血清中的一组非特异性血清蛋白。在正常情况下补体没有活性，但补体能被抗原（病原菌）与抗体的复合物所激活，由于它在抗原抗体反应中有补充抗体作用的功能，故称为补体。激活后的补体可以引起细菌细胞膜的穿孔，导致细菌溶解。此外，补体还具有促进吞噬细胞的吞噬、清除免疫复合物、促进炎症等多种生理功能。

除了补体外，体液或组织中还有溶菌酶、乙型溶素、组蛋白、白细胞素等多种能杀菌或抑菌的因素，但它们的作用相对较弱，在机体免疫中起辅助作用。图3-11为补体等各种因子在捕捉漏网的入侵者。

启动防御性反应——炎症　当人体受到病原菌侵入时，在受袭部位，早期会出现红、肿、热、痛和功能障碍等症状，后期甚至会产生脓肿。这其实也是人体抵抗病原菌侵略的一系列局部和全身性的防御反应，即炎症反应。

当病原菌侵入人体时，人体的组织和微血管受到刺激和损伤后，会释放"信号弹"——组胺和5-羟色胺等炎症介质，启动炎症反应。

在早期，炎症部位的毛细血管迅速扩张，血流量增加，毛细血

图 3-11　捕捉漏网的入侵者

管壁通透性增强，一些可溶性的蛋白质不断从静脉中渗出，炎症部位的体液大量积聚。同时，血液中的抗菌因子扩散至炎症部位参与战斗。

随着战况的发展，毛细血管内壁的粒细胞进入阵地吞噬病原菌，但它们一般只能生存 1 ~ 2 天，它们牺牲后又发出信号召集吞噬细胞，吞噬细胞向炎症部位迁徙并展开战斗，但是吞噬细胞在杀死病原菌的同时，也会损伤邻近的组织细胞。在这个过程中，细菌的毒素和其他一些蛋白质由血液传送至下丘脑的体温调节中枢，引起发热。

这是一场积极的防御战，因为：①动员了大量的吞噬细胞聚集在炎症部位；②血流的加速使血液中的抗菌因子和抗体发生局部浓集；③死亡的人体细胞可释放出抗菌的物质；④炎症中心氧浓度的下降和乳酸的积累，有利于抑制多种病原菌的生长；⑤炎症部位的高温可降低病原菌的繁殖速度（图 3-12）。

图3-12　防御性反应—炎症

因此，机体炎症反应可增强细胞杀灭细菌的能力，维持内环境的稳定。然而过度的炎症反应也将造成机体的严重损害。

抵御细菌入侵的"第三道防线"

即使病原菌突破了人体的"第一道防线"和"第二道防线"，也不能轻易使人生病。因为人体还有"第三道防线"——特异性免疫。特异性免疫是人体针对某一种或某一类病原菌所产生的特异性抵抗力，在不同的个体或同一个体不同的时期都有很大的差别。

抗毒战——抗体中和毒素　病原菌对人体来说，是外源性的。通常病原菌的一些大分子成分（如表面蛋白）被人体的免疫系统识别时，称为抗原。当病原菌进一步侵入人体时，会刺激人体的淋巴系统合成一种具有特异性免疫功能的球蛋白，也称免疫球蛋白，即抗体。

抗体是由人体淋巴B细胞分泌的用来鉴别并中和外来物质（如细菌、病毒等）的大型Y型蛋白质。这是人体对付疾病的工具，也是保护人类健康的第三道重要防线。当这个防线被突破时，人就开始生病。抗体呈Y字形，其顶端就像两个钳子，可以识别特定的异己物质，那个可被抗体识别出的异己物质就被称为对应的抗原。Y字的下部，是抗体用来和免疫系统发生关联的区域，当抗体识别并结合到抗原上后，其下部就与其他免疫蛋白发生作用，引起一连串的免疫反应。这个过程就好像一个人发现了敌人，一面动手制止敌人的活动（抗体抗原结合），一面叫喊同伴过来帮忙（调动免疫反应的发生）。当有其他伙伴（比如N杀伤细胞、K杀伤细胞、吞噬细胞等）过来帮忙后，敌人就可以被消灭了。

抗体可以被认为是机体被病原菌（抗原）进攻后产生的"战士"，它能够勇敢地去抓住入侵的"敌人"。病原菌初次进入机体后，都要经过一段潜伏期，才产生抗体。抗体量一般不高，并逐渐下降。若一定时期后，再次被相同的病原菌侵入，人体会迅速并较长时间地产生大量抗体。

当分泌外毒素的病原菌，如白喉杆菌、破伤风杆菌侵入时，人体产生的抗体与病原菌的外毒素结合，使外毒素不能再与人体细胞结合，或者封闭外毒素的毒性部位，制止外毒素对人体产生毒害作用。接着，吞噬细胞吞噬抗体和外毒素结合的复合物。对于那些不产毒素的细菌，抗体与细菌表面的抗原结合，使细菌凝集成团而失去活动能力，或者阻止病原菌的黏附，如口腔链球菌对口腔黏膜的黏附、霍乱弧菌对肠道黏膜表面的黏附、百日咳杆菌对呼吸道黏膜的黏附等。抗体和抗原的结合，如图3-13所示。

图3-13　抗体和抗原的结合

　　围剿战——细胞免疫　有些病原菌，如结核分枝杆菌、麻风分枝杆菌等，侵入人体后，大部分时间躲藏在人体细胞内并繁殖。对于这些侵略者抗体难以直接发挥作用。这时，需要靠细胞免疫来围剿入侵者。

　　例如，某人初次感染结核杆菌，吞噬细胞虽可将它们吞噬，但不能有效地消化杀灭，病原菌隐蔽在吞噬细胞内，在体内扩散蔓延，而造成全身感染。但在传染过程中，在病原菌的刺激下，在血液和外周淋巴组织中的淋巴细胞，识别并结合内藏病原菌的吞噬细胞，并激活吞噬细胞内的溶酶体，使细菌细胞裂解而死亡。此外，淋巴细胞释放淋巴因子，激活吞噬细胞，溶解被细菌感染的细胞（图3-14）。图3-15为人体接受外源细菌、病毒等作为抗原刺激后产生的多种免疫反应。

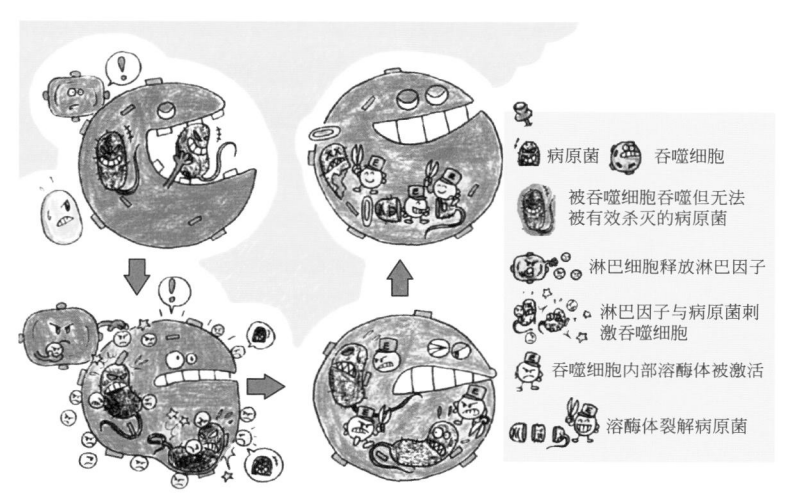

图3-14 通过细胞免疫杀灭细菌的过程

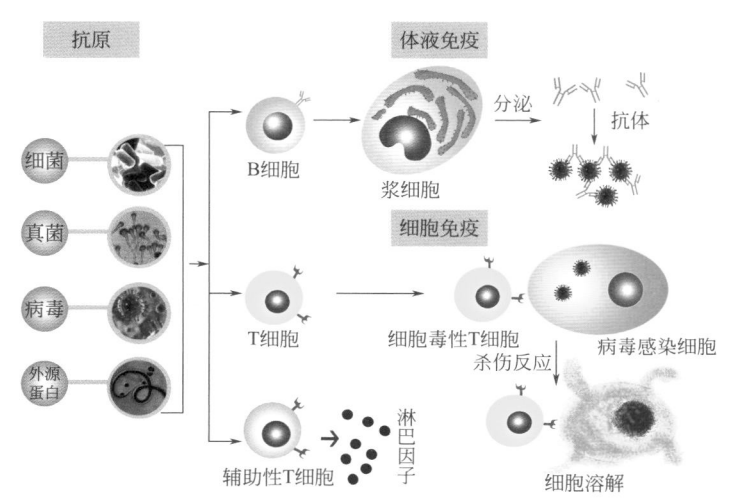

图3-15 人体接受外源细菌、病毒等作为抗原刺激后产生的免疫反应

免疫"战争"的结局

有些病原菌毒力极强，极少量的侵入即可引起机体发病，如鼠疫杆菌，有数个细菌侵入就可发生感染。而对大多数病原菌而言，需要一定的数量才能引起感染，少量侵入易被机体防御功能所清除。

病原菌的侵入部位也与感染发生有密切关系，多数病原菌只有经过特定的门户侵入，并在特定部位定居繁殖，才能造成感染。如痢疾杆菌必须经口侵入，定居于结肠内，才能引起疾病。而破伤风杆菌只有经伤口侵入，厌氧条件下在局部组织生长繁殖，产生外毒素引发疾病，若随食物吃下则不能引起感染。

病原菌侵入机体，企图损害人体的细胞和组织，而机体运用种种免疫防御功能，力图杀灭、中和、排除病原菌及其产生的毒物。在这场"无声大战"中，"敌我双方"的力量相互抗争，病原菌致病能力的大小、侵入的数量、侵入的途径以及人体的抵抗力强弱，决定了"战争"的最后结局，有人被病情折磨，而有人却安然无恙。

根据病原菌的毒力和人体免疫力的力量对比，最后的感染结局有以下三种。

第一种结局是，人体的免疫系统完全彻底地取得了这场"战争"的胜利。一种情况是病原菌侵入人体，但迅速被机体的免疫系统排除或消灭，病原菌不能生长繁殖，不能造成感染或传染。另一种情况是病原菌的毒力较弱或侵入数量较少，侵入的病原体先期引起人体轻微的损害，但基本不出现临床症状，而机体免疫力较强，人体的免疫系统很快将病原菌彻底消灭。这也称为隐性传染。隐性传染后，机体免疫力增强。

第二种结局是，"敌我双方"的力量旗鼓相当，处于长期的对峙状态。病原菌侵入人体后，人体的免疫系统不能完全消灭或排除病原菌，而是把细菌限制在某一个局部，使其无法大量繁殖而造成临床症状，这种状况称为带菌状态，带菌的机体称为带菌者，它们是一些传染病的重要传染源。若机体免疫力下降后，则可能又会生病。

第三种结局是，"敌我双方"力量悬殊、敌强我弱，病原菌取得了这场"战争"的胜利。若机体的免疫力较低，或侵入的病原菌毒力强、数量较多时，尽管机体调动了一切防御功能，但还是难以克服病原菌的危害，病原菌很快在体内大量繁殖并产生大量的毒素，使机体的细胞和组织受到严重损害，人体的生理功能异常，表现出明显的临床症状，这就是显性传染或传染病（图3-16）。

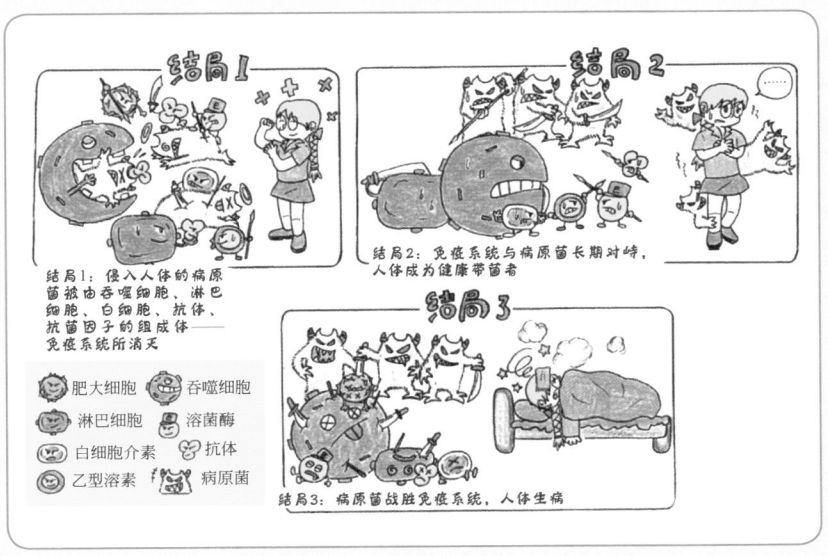

图3-16　免疫"战争"的结局

　　根据情况不同，显性传染又分为急性传染与慢性传染、局部传染与全身传染等不同情况。霍乱弧菌引起的传染是急性传染，其病症发作突然、病程短。结核病是一种慢性传染，发作缓慢、病程长。有些病原菌引起的感染限于局部，如伤口的细菌感染。有些病原菌或其产生的毒素进入人体的血液循环，引起感染的全身性漫延，临床上出现菌血症、败血症、毒血症、脓毒血症等。

　　菌血症是指血液循环中有细菌，但由于人体抵抗力很强，细菌并不生长繁殖，所以一般没有明显症状。败血症是指细菌侵入血液并迅速生长繁殖，引起全身性感染症状。发病特点是开始剧烈寒战，以后持续40～41℃的高热，伴有出汗、头痛、恶心等。毒血症是指细菌毒素从局部感染病灶进入血液循环，产生全身性持续高热，伴有大量出汗，脉搏细弱或休克。由于血液中的细菌毒素可直接破坏血液中的血细胞，所以往往出现贫血现象。值得特别注意的是，严重损伤、血管栓塞、肠梗阻等病变，虽无细菌感染，但大面积组织破坏产生的毒素，也可引起毒血症。脓毒血症是指身体里化脓性病灶的细菌，通过血液循环"周游列国"，播散到其他部位产生新的化脓病灶时，所引起的全身性感染症状。其发病特点与败血症相仿，但在身体上可找到多处化脓病灶，甚至有许多脓疮。

细菌
简史

与人类的永恒博弈

第四章
一部艰苦卓绝
的抗菌史

((((((

导读

　　当人体免疫系统在没有"外源兵力"的情况下，与病原菌的战斗中失败后，我们就被细菌感染而生病了。怎样杀死这些病原菌或者抑制它们在我们体内的繁殖？人类一直征战在这条道路上，也即如何发现和寻找有效的"外源兵力"——抗菌药物。从采用银、铜、药草，到"以毒攻毒"的疫苗，再到一个个抗菌"神药"的发现，这是一场艰难跋涉的战斗，又是一场卓有成效的战斗。

"石器时代"的抗菌治疗

古代，人们对环境卫生的意识比较薄弱，预防与诊治疾病的能力很低，由细菌感染而引起的各种疾病，如霍乱、肺痨、痢疾……不仅影响病患的身体健康，而且有的传染病给人类带来了严重的危害。

在抗菌治疗的"石器时代"，人们不知道细菌是什么，更不了解菌感染的本质是什么。在抵御各种疾病的过程中，人们逐渐学会了如何保护自己；在艰辛的探索和偶然的发现中，人们不断积累着宝贵的防治细菌感染的经验。尽管用现代科学的眼光来审视这些方法和经验，好像其作用是微乎其微的。但当时有些方法确实在防治细菌感染中起着重要的作用，有的甚至在今天仍然发挥着作用，或启示着人类的抗菌斗争。

为何古人对银和铜情有独钟

为什么用银做筷子？ 银为贵金属元素，光泽明亮、质地细腻润滑，常用来制作戒指、耳环、项链、项圈、银锁、银镯、发簪，以及餐具、酒具、茶具、摆件装饰等。但古人对银情有独钟并非仅仅是因为银的高贵和典雅，而是因为银具与砒霜（三氧化二砷）接触即变黑的特性，可用于测试食物是否有毒，更是因为他们很早就发现银具有独特的消毒功能。

古埃及、古巴比伦以及中国古代均有用银来消毒的记载。公元前338年，古代马其顿人征战希腊时，用银箔覆盖伤口来加速愈合。古代腓尼基人在航海过程中用银质器皿盛水、酒、醋等以免腐败变质。古代地中海居民把银币放入木水桶中，来阻止细菌、海藻等腐败微生物的生长。

《本草纲目》中也有"银屑，安五脏，定心神，止惊悸，除邪气，久服轻身长年"的记载，其中"邪气"就是指当时肉眼看不见的生物，细菌是其中的一种。三国时期，为了让受伤的士兵早日康复，大多用银来治疗患处，因为银具有抗菌作用，所以伤口的康复速度比普通方法快5倍。

我国苗族人从古至今都喜欢戴银饰手镯项圈等，每个男孩从小就开始佩戴护命镯，一段时间后男孩瘦弱的身体会变得强壮，脸色变得红润、气力充沛。民间认为护命银镯神秘的强身保健功能是众人"送力分命"的缘故，其实这也与银的抗菌有关。

1884年，一位德国产科医生把1%的硝酸银滴入新生儿眼中，以预防新生儿结膜炎导致的失明，使婴儿失明的发生率从10%降到了0.2%。1893年科学家纳格列（C. Von Nageli）经过较为系统的研究，首次报道了银对细菌和其他低等生物的致死效应，使银真正有可能成为一种消毒剂。从此，人们对银的利用进入了现代时期，用银丝织成的纱布来包扎伤口，以减轻伤痛；用银化合物治疗烧伤，防止伤口感染、促进伤口愈合。

在1升水中只要含有0.00001克银离子，就能起到杀灭水中细菌的作用。用银粉作水的消毒剂，比加氯消毒的功效要高10倍以上。因此，现在人们在制造净水器和矿泉壶时，在过滤器与灭菌剂中经常使用含银物质。即使在无水条件下，银也有较强的杀菌能力。

现代科学研究发现，银确实具有极强的消毒杀菌和分解有毒物质的功能。银在水中可以形成微量的银离子，带正电荷的银离子能够改变细菌细胞的电物理性能，破坏细菌的机械结构，能吸附细

菌并使其赖以起呼吸作用的酶失去功能，从而使细菌迅速死亡。
图4-1为银离子的杀菌机制。

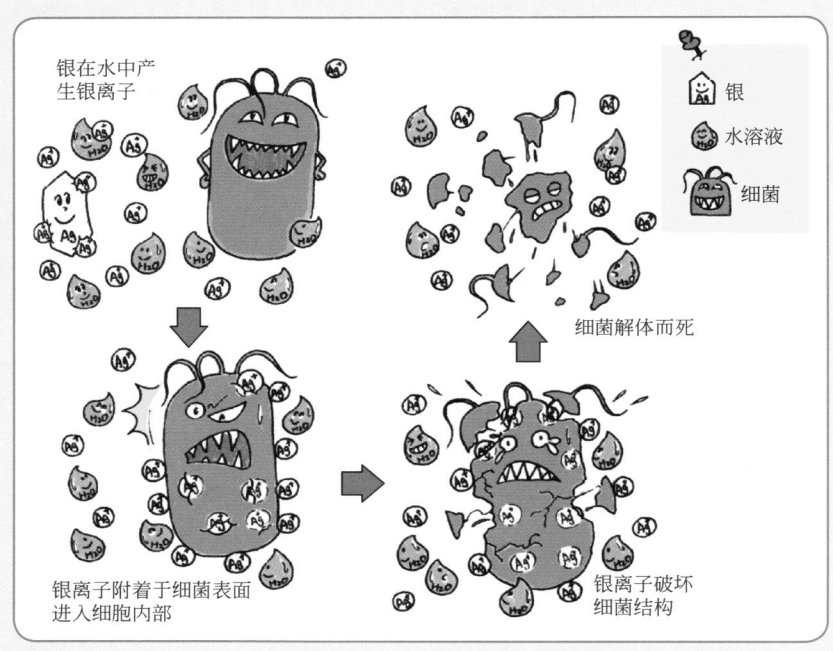

图4-1　银离子的杀菌机制

　　如今银的抗菌作用再度被世人重视。纳米银就是将金属银单质粒径做到纳米级，对大肠杆菌、淋球菌、沙眼衣原体等数十种致病微生物都有强烈的抑制和杀灭作用，而且不会产生耐药性。动物试验表明，这种纳米银抗菌微粉即使用量达到标准剂量的几千倍，受试动物也无中毒表现。同时，它对受损上皮细胞还具有促进修复作用。当细菌被消灭后，纳米银离子会从菌体游离出来，在空气中产生活性氧。活性氧一接触新的细菌细胞，再次起到杀菌作用，从而杀菌作用更持久，效果大大增强。因此，纳米银的应用广泛，有纳米银茶壶、纳米银抗菌喷剂，含纳米银的纤维、纺织品和抗菌建材，以及新型的抗菌纱布、止血急救包及外伤敷材。图4-2为含有纳米银的抗菌织物。

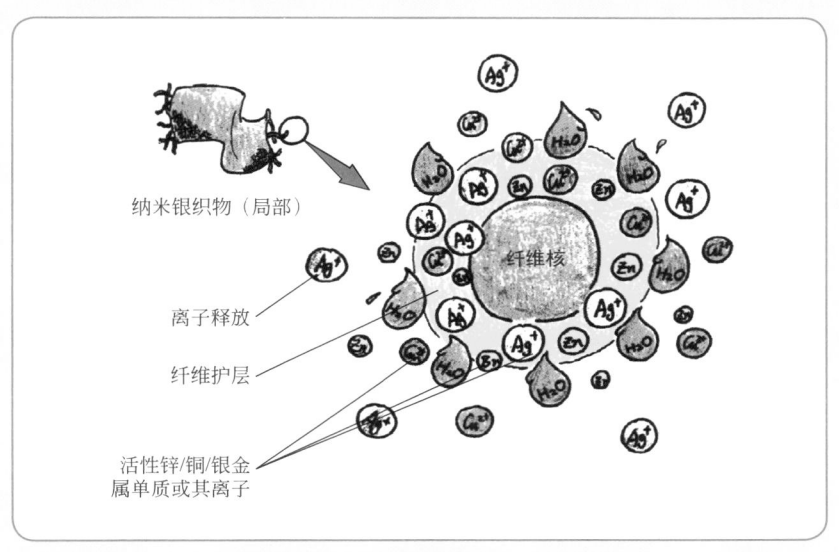

图4-2　含有纳米银的抗菌织物

为什么用铜做器具？　有关铜抗菌用途的最早记载见于公元前2600年和2200年期间的医学书"Smith Papyrus"，铜被用作胸伤消毒、饮用水杀菌。用于治病的铜有多种多样的形式，有金属铜裂片和削片、铜盐和铜氧化物。文中的"绿色素"很可能指的就是矿石孔雀石，这是铜的一种碳酸盐；也可能是当铜浸于盐水中所形成的铜氯化物。

为了防止伤口感染，古希腊人曾在伤口上撒一种由铜氧化物和硫酸盐组成的干粉。因为Kypros岛上的铜很多，所以古希腊人很容易找到铜这种金属，也就是因为这个岛，铜的拉丁名为 *Cyprus*。

"Pliny"一书记载了许多关于铜的治疗方法。黑色铜氧化物与蜂蜜一起可消除肠内寄生虫；将其稀释并以点滴的形式注入鼻内，可以使头脑清醒；将其与蜂蜜水一起吞服，可以起到清理肠胃的作用；还可用来治疗"眼粗糙"、眼感染、视力模糊以及嘴部溃疡；将它吹到耳部可以减轻耳病的症状。

古代人们用铜盖在伤口上以治疗伤口和防止皮肤的细菌感染，用铜制的器皿盛水来保持饮水的洁净。除了别的用途之外，铜绿和蓝矾（铜的硫酸盐）还用于治疗眼科疾病，如眼睛有血丝、眼睛感染或模糊不清、眼内脂肪（沙眼）和白内障。

科学家研究发现，铜抗菌的机理主要有两个：一是接触反应，即铜离子与细菌接触反应后，造成细菌固有成分破坏或产生功能障碍。二是光催化反应，在光的作用下，铜离子能催化激活水和空气中的氧，产生羟基自由基和活性氧离子，短时间内破坏细菌的增殖能力而使细胞死亡，从而达到抗菌的目的。图4-3为铜的抗菌作用。

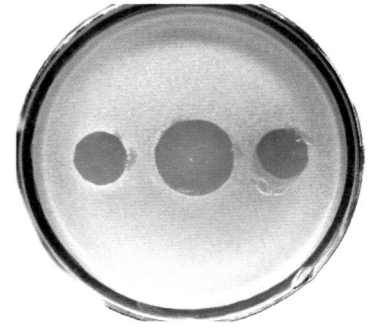

图4-3　铜的抗菌作用
（盖着铜片的地方细菌的生长被完全抑制）

　　美国卡普诺公司利用铜的生物性能，开发了一种新型铜基抗菌纤维——卡普隆。在熔融纺丝过程中，把氧化铜粉末分散在熔体中，得到含有氧化铜颗粒的纤维。这种纤维结合了铜对细菌、病毒及真菌的抑制作用，具有良好的抗菌、抗病毒作用。由于铜能刺激肌肤中胶原蛋白的再生长，铜基抗菌纤维在与皮肤接触后能促进皮肤的新陈代谢，使健康皮肤更加光滑，受损皮肤更快愈合，在功能性医用敷料、抗菌纺织品等领域有很高的应用价值。目前已有多种织物，如内衣、袜子和枕套等上市。

银铜对抗菌的启示

为何端午节要挂艾草

　　人类应用药草的历史悠久。考古学家在史前时代的猿人洞穴里发现西洋变草、秦吾草等遗迹。距今约5000年前古巴比伦和4000多年前的古埃及、古中国及古印度等地都有现代常用的月桂、葛缕子、胡美、薄荷、百里香等药草遗迹。古埃及的莎草纸以及古巴比伦的黏土板上记录了几百种药草的名字及药效。

　　被尊为西方医药之父的希波克拉底，早在公元前5世纪时就熟知许多药草的功效。他曾指导雅典人在瘟疫横行时燃烧药草以阻遏瘟疫的蔓延。

第一次世界大战时，美国政府曾把大蒜榨出的汁涂在伤患的绷带上，挽救伤员数十万名。

中国古代劳动人民通过长期实践所积累起来的医药遗产是极为丰富、极为宝贵的。公元前200年的《神农本草经》中记载着多达200多种药草及其使用方法。宋代《太平圣惠方》与《圣济总录》中的口香剂"含香圆"，将鸡舌香、藿香、甘松香、当归、桂心、木香、肉豆蔻、槟榔、白芷、青桂香、丁香、麝香等十五味药研为细末后，加蜜炼制成楝子大小的糖圆，"常含一圆，咽津"。现代科学实验证明，"含香圆"含有很多挥发性芳香油成分，有的抗菌杀虫，有的生涩润燥止痒，有的止血消肿除痛，能生津去腻、香口除臭、消炎固齿。明朝末年的《武备志》记载一种定心丸的配方为："木香、硼砂、焰硝、甘草、沉香、雄黄、辰砂各等份，母丁洋减半。"其中的木香可解痉、抗菌；硼砂解毒，防腐；焰硝解毒消肿；沉香治呕吐呃逆，胸腹胀痛；甘草可镇痛，抗惊烦；雄黄治破伤风、惊痫；辰砂可治癫狂、惊悸、肿毒、疮疡。

汉代张仲景《伤寒论》中有"太阳阳明合病，必自下利，葛根汤主之"，应用清热解毒利湿化浊之中草药来预防治疗细菌引起的急性肠道感染。

明代《医家必读》对肺结核（中医称之为"肺痨"）的治疗方法是"凡近视此病者，不宜饥饿，虚者需服补药，以佩安息及麝香"，《证治要诀》的药方则为"独五心发热将欲成痨者，茯苓补心汤"。

在使用大蒜治病方面，诸葛亮在湖北荆州一带驻扎操练军队时，正值盛夏酷暑，痢疾流行，将士们将独蒜头捣烂饮用，疗效甚佳。明代李时珍著的《本草纲目》中记载：大蒜可以"除风邪、杀毒气，治泄泻、暴痢及干湿霍乱"。

　　艾叶用于治病已有2000多年的历史。我国第一部方书——战国时期的《五十二病方》中就记载有艾叶的疗效与用法。《孟子》的："犹七年之病，求三年之艾也"，《庄子》的"越人熏之以艾"，《艾赋》的"奇艾急病，靡身挺烟"等记载，足见艾在当时是常用的重要治病药物，不仅仅是通过口服和针灸，也可用烟熏来治疗和预防疾病。

　　李时珍在《本草纲目》中详细描述了艾叶的形态，指正了前人论述艾叶性寒和艾叶有毒的观点，并附艾叶单验方52个。李时珍指出："（艾叶）自成化以来，则以蕲州者为胜，用充方物，天下重之，谓之蕲艾，相传他处艾灸酒坛不能透，蕲艾一灸则直透彻，为异也。"蕲艾因此名传渐远，闻名天下。李言闻的《蕲艾传》是第一本专门论述艾叶的专著，称艾叶"产于山阳，采以端午，治病灸疾，功非小补"。

　　古时端午节，人们把艾草剪成虎形佩戴，以避邪驱瘴，制成人形的"艾人""悬门户上以禳青气。"端午节家家户户挂艾草、熏艾叶的习俗一直延续至今。湖北蕲州流传着"家有三年艾，郎中不用来"的谚语。有的地方婴儿出生后第三天要用艾水洗澡，并将少许艾绒敷在囟门和肚脐上，以预防感冒鼻塞或其他疾病。成年人一旦感受风寒咳嗽，用艾叶和葱煎汤温服，并用艾煎汤后洗脚。

　　现代研究发现，艾叶对常见的化脓性细菌（铜绿假单胞菌、大肠杆菌、金黄色葡萄球菌、产碱杆菌）有显著抑制作用，能使烧伤创面菌落数显著减少。对变形杆菌、白喉杆菌、伤寒及副伤寒杆菌和结核杆菌等也有抗菌作用。很多植物体内都蕴藏着抗菌物质，如柴胡、枇杷叶、青蒿、藿香等。

　　图4-4为植物直接作为药物及从中提取化学药物的示意。

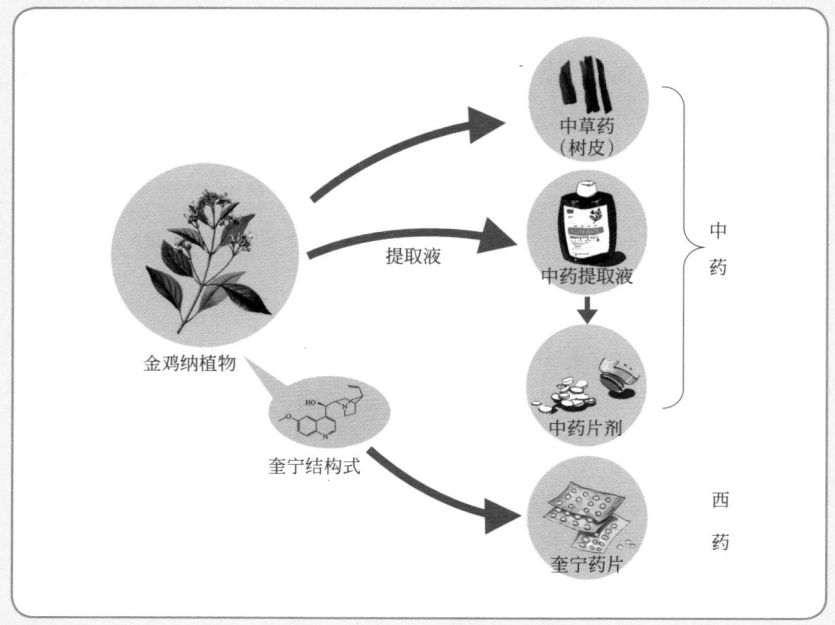

图4-4 植物直接作为药物或从中提取化学药物

功不可没的免疫防治

　　早在1000多年前，人们就发现了免疫现象，并由此发展形成对传染病的免疫防治。如今，疫苗是最强大的预防疾病的武器之一，它使成千上万的孩子和成人避免染上致命的疾病，如骨髓灰质炎、破伤风、白喉、百日咳、黄热病、日本脑炎、麻疹、脑膜炎、流感等。疫苗深刻地改变了预防医学的面貌，并且给我们带来了防治更多疾病的希望。

免疫预防的先驱——种痘术

天花，是世界上传染性最强的疾病之一，是由天花病毒引起的极其凶险的烈性传染病。这种病毒繁殖快，能在空气中以惊人的速度传播，死亡率极高，一般可达25%，有时甚至高达40%。即使侥幸逃生，也会留下永久性的疤痕或失明。

中国古代的人们发现，那些患过天花的幸存者可以长期或者终生不会再得这种病，有的即使再得病，也是比较轻微，不会导致死亡。他们从中得到了启发：对于某些疾病可以"以毒攻毒"，也就是在患病前服用或接触某种有毒的致病物质，可以使人体对这些疾病产生特殊的抵抗力。由此，11世纪的中国发明了用痘痂皮接种来预防天花。到17世纪种痘技术有了较大的改进，不但在国内得到广泛的应用，而且传播到日本、朝鲜、俄国、土耳其和英国等许多国家。

18世纪，我国的人痘接种技术由俄国传至土耳其，再由英国驻土耳其大使夫人蒙塔古介绍至英国，经过公开演示人痘接种后，该方法在英国流传起来。

英国乡村医生琴纳（E. Jenner，图4-5）幼时曾接种过人痘来预防天花，他行医的职责之一就是接种人痘。其间，他对牛的一种疾病——牛痘发生了兴趣。所谓牛痘，就是一种温和的天花病。琴纳观察到一个有趣的现象：挤牛奶的女工得过牛天花后

图4-5 伟大的科学家琴纳

就不会感染人天花。

在人痘接种术的启发下，琴纳认为挤奶女工工作中接触到的牛痘使她们获得一种抵抗力，这种抵抗力能使这些挤奶工免遭天花的侵袭。于是他决心通过试验来验证自己的思想。

1796年5月4日，在孩子父亲的同意下，琴纳在一个名叫菲普士的8岁小男孩胳膊上做了一个试验。这个男孩以前从未患过牛痘或天花。琴纳在菲普士的胳膊上划了两道口子，把正患牛痘病的挤奶女工水疱里的痘浆涂抹在伤口处。过了两天，男孩感到有些不舒服，开始发热，然而不久发热就退去了，孩子的胳膊上只留下两个种痘的疤痕。菲普士因此就不会得天花了吗？琴纳还不能肯定地得出这个结论。他从天花患者的痘痂上取出一些脓液，在菲普士的胳膊上种了好几次。一星期过去了，菲普士没染上天花。一个月过去了，菲普士仍旧安然无恙。琴纳悬着的心终于放下了。

琴纳这套给人接种牛痘来预防天花的方法称为"种牛痘"。"种牛痘"很快传遍全球，"种牛痘"后由澳门葡萄牙商人传入我国，因为牛痘比人痘更为安全，我国民间因此也用"种牛痘"来预防天花。从此，"种牛痘"所到之处，天花便销声匿迹，全世界终于在20世纪70年代末彻底消灭了天花。

琴纳的工作不但使人类从此免遭天花的灾难，更重要的是成为免疫学的体内自然抵抗力论和有意识地利用这种抵抗力为健康服务的方法论的创始人。

毒力减弱的"敌人"是我们的朋友

琴纳虽然发明了"种牛痘"预防天花，但对于为什么种牛痘可以预防天花这个问题，却没有给出令人满意的答案。因此，这个发明没能获得继续发展，停滞了将近 100 年。真正为传染病的预防开辟广阔前景的是法国化学家、微生物学家巴斯德。

霍乱疫苗　1880 年，法国农村流行着可怕的鸡霍乱。所谓鸡霍乱是一种传播迅速的瘟疫，来势异常凶猛，家庭饲养的鸡一旦染上鸡霍乱就会成批死亡。

为了弄清鸡霍乱的病因，巴斯德从培养鸡霍乱细菌作为突破口。他断定鸡肠是鸡霍乱病菌最适合的繁殖环境，传染的媒介则是鸡的粪便。在研究鸡霍乱病时，巴斯德用鸡软骨做成的培养基成功地培养出鸡霍乱菌，当他将这种新培养出的病原菌一小滴接种到健康的成年鸡身上后，鸡便会迅速死去，这说明新培养的病原菌与鸡的病原菌一样是有毒性的。这时实验室里发生一个偶然事件。巴斯德的一位助手由于疏忽，把本应按规定及时给健康鸡接种的细菌培养液，放置了几个星期后才给鸡接种。那些鸡一开始像以往那样得了病，随后却发生了从未观察到的现象：它们不但没有死，而且康复了，并在鸡舍里欢蹦乱跳。当巴斯德从助手那里了解到这个奇特结果时，他有了一个强烈的灵感：康复了的鸡再次感染病原菌会怎么样呢？巴斯德用新的细菌培养液再次感染以如此奇特方式存活下来的母鸡，结果是令人兴奋的，这些细菌培养液再也不会对鸡造成什么伤害了。

难道是这些放置了一定时间的细菌培养液保护了鸡，使它们不受新病原体的侵害，而有了免疫力了吗？巴斯德的科学洞察力使他认识到：将新培养的病原菌保存一段时间，其毒性就会减弱，甚至完全消失。同时，巴斯德发现病菌在空气中氧化的时间越长，毒性就会越弱。要是将毒性减弱后的病菌放到有利于它们生长的环境中，如人和动物体内，它们又会再度大量繁殖。不过，这种情况下

所繁殖出来的病菌的毒性已经很弱，不足以致病，反而能够刺激机体内的免疫系统产生抗体，达到免疫预防的效果。这就是巴斯德发现的病原菌"人工减毒法"与接种免疫原理——毒力减弱的"敌人"是我们的朋友（图4-6）。巴斯德的人工减毒疫苗可以同琴纳种牛痘预防天花病相媲美，也真正发现了对付传染病的新武器——免疫预防。

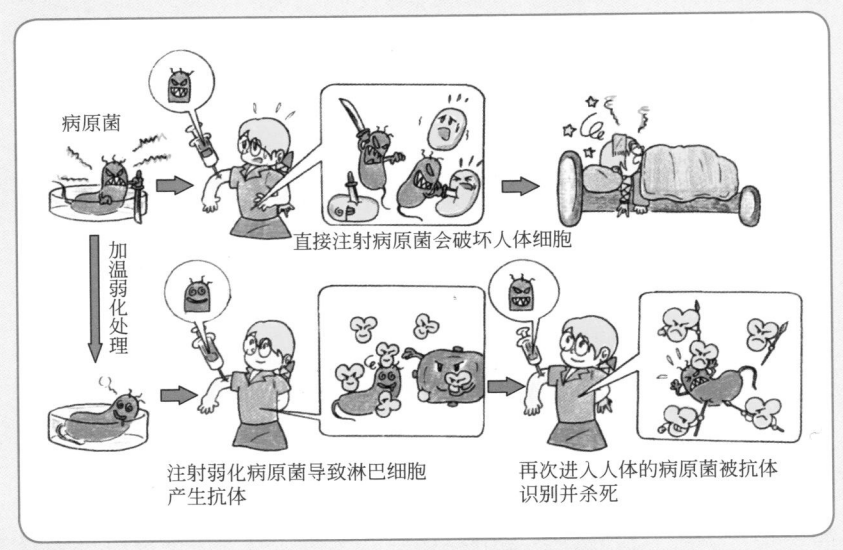

图4-6 毒力减弱的"敌人"是我们的朋友

炭疽疫苗 炭疽病是恶名昭彰的家畜杀手，是在马、牛、羊等动物中流行的一种严重的传染病，而且还可以传染给人类。世界各地都爆发过炭疽病疫情，炭疽病发作之前毫无征兆，动物病发后几乎难以幸免。它们先是步履维艰、跟不上队伍，呼吸粗重、全身颤抖，口鼻出血，牧人还来不及做任何处理，发病的牲畜就倒地而亡。死亡的牲畜腹部鼓胀，如果以刀刺入体温犹存的尸体，浓、稠且黑的血液会缓缓渗出。如果验尸，一定会发现脾脏异常大，因此又名脾血病。

19世纪50年代初，法国一个叫达凡的医生（Casimir-Joseph Davaine）在病畜的血液中发现了炭疽杆菌，指出它就是炭疽病的祸首。1877年，巴斯德开始系统地研究炭疽病。

首先，他从死于炭疽病的牲畜身上采血，再度证实"炭疽杆菌是炭疽病的病原体"。其次，他走访牧场主人了解炭疽菌的传播途径。不久，巴斯德发现，死亡的牲畜往往就埋在草场上，牲畜吃了附近的草后就会得病，这是由于炭疽杆菌的芽孢散落在草场的缘故。但是那些病畜的尸体埋得很深，炭疽杆菌芽孢怎么会出现在表土上，感染牲畜呢？无意中，他发现了蚯蚓扮演的角色。蚯蚓在地下活动，翻搅泥土，吞吃病畜的尸体，尸体内的病菌芽孢就被带到了地面。于是，他派助手到埋过病尸的地点采集蚯蚓，果然在蚯蚓体内找到了炭疽芽孢。

巴斯德指导牧民避免牲畜吃容易伤及口腔的草，因为口腔中的小伤口是炭疽杆菌及其芽孢侵入身体的方便门户；避免在埋过病尸的地点放牧；病死牲畜的尸体要慎选埋葬地点，最好是蚯蚓不易生活的地方。

1880年2月巴斯德发表了这一研究成果。就在5个月后，一个叫涂桑（Jean-Joseph Henri Toussaint）的教授宣布加热炭疽杆菌可以成功地制造炭疽病疫苗。巴斯德则认为免疫反应是毒性弱化的病原菌，而不是死掉的病原菌。巴斯德立即以试验证明涂桑的方法无法制造有效的疫苗。同时，加快步伐继续研发炭疽病疫苗。因为他知道涂桑没有放弃，正在试验新的方法。

在试验过程中，巴斯德又发现，有些患过炭疽病但侥幸活过来

的牲畜，再注射病菌也不会得病了，这就是它们获得了抵抗疾病的能力。可是，从哪里得到不会使牲畜病死的毒性比较弱的炭疽杆菌呢？炭疽杆菌与鸡霍乱菌不同，会形成芽孢以抵抗不利的生存环境。

通过反复试验，巴斯德和他的助手发现把炭疽芽孢杆菌放在接近45℃的条件下连续培养，能阻止炭疽芽孢杆菌形成芽孢，而且它们的毒性会降低，用这种毒性减弱了的炭疽杆菌注射牲畜，牲畜就不会再染上炭疽病而死亡了。

1881年2月底巴斯德发布消息：成功研发出新的炭疽病疫苗。紧接着，巴斯德在一个农场进行了公开的试验。一些羊注射了毒性减弱了的炭疽杆菌；另一些没有注射。4个星期后，又给每头羊注射毒力很强的炭疽杆菌。结果在48小时后，事先没有注射弱毒细菌的羊全部死亡了；而注射了弱毒细菌的羊依然活蹦乱跳，健康如常。在现场的专家和新闻记者欢声雷动，试验获得了圆满的成功。

让"敌人"为我们做事

以1879年的霍乱疫苗和1881年的炭疽病疫苗为起点，巴斯德的免疫技术引起了极大的轰动，人们很快认识到巴斯德的方法可用来预防其他许多种传染病，于是，一系列预防传染病的细菌疫苗被研制出来，如伤寒疫苗（1886年）、白喉疫苗（1923年）、破伤风疫苗（1925年）、百日咳疫苗（1926年）、结核疫苗（1927年）、肺炎疫苗（1977年）。

细菌的疫苗叫做菌苗。菌苗是用细菌菌体制造而成，分为死菌苗和活菌苗两种。死菌苗是先将细菌在合适的培养基上繁殖，然后将其杀死处理制成，如百日咳菌苗、霍乱菌苗、伤寒菌苗等。这类菌苗接种后不再生长繁殖，注射一次对人体作用时间短，免疫效果差，需多次注射才能使人体获得较高且持久的免疫力。活菌苗是选用"无毒"或毒力很低的细菌，经过培养繁殖后制成，如卡介苗、鼠疫活菌苗等。这类菌苗进入人体后能够继续生长繁殖，对身体作用时间长，和死菌苗相比，接种量少，次数少，免疫效果好，持久性长，但因为它是活的菌体，需要冷藏，有效期短，而且运输保存不方便。

除了菌苗外，还有一种细菌疫苗叫做类毒素，是由细菌的外毒素脱毒以后制成的，常用的类毒素有破伤风类毒素和白喉类毒素。

菌苗和类毒素保留了病原菌刺激人体免疫系统的特性，因此人体接种这种不具有伤害力的病原菌制品后，会自动产生免疫力，这样的预防接种称为自动免疫。

接种疫苗是预防传染性疾病最主要的手段，也是最行之有效的措施。到目前为止，已有很多细菌疫苗成功地用于免疫预防。

百日咳是急性呼吸道细菌感染，容易侵犯5岁以下儿童，引起严重阵发性咳嗽，影响呼吸和进食，对婴幼儿有很大的危害。白喉是白喉杆菌引起的呼吸道感染，在鼻、咽喉部产生白膜，阻塞呼吸，而且分泌的毒素会引起心肌炎或神经炎，死亡率高达10%。破伤风杆菌侵入深部伤口，在这种无氧的状态下极易繁殖、释放大量毒素，引起破伤风。患者牙关紧闭、肌肉收缩、僵直。百白破疫苗是百日咳菌苗、白喉类毒素、破伤风毒素混合制成的，可以同时预防这三种疾病。

将细菌类毒素等多次注射马等实验动物，待其产生大量特异性抗体后，分离马血清并经浓缩纯化后的制品称为抗毒素，如破伤风抗毒素、白喉抗毒素等。抗毒素中含有大量抗体，注入人体后，人

体本身不必自己制造抗体就能很快获得免疫力，这称为被动免疫。被动免疫主要用于治疗因细菌外毒素而致的疾病。因为这类制品注入体内后很快被排泄掉，预防时间短，所以一般只能作为临时的应急预防。

除了以上的菌苗、类毒素和抗毒素等疫苗外，也可以用生物化学和物理的方法把细菌的有效免疫成分进行提取纯化，制成亚单位疫苗，如霍乱毒素B亚单位疫苗、大肠杆菌菌毛亚单位疫苗，以及由细菌荚膜的长链糖分子构成的多糖疫苗，如肺炎链球菌荚膜多糖疫苗。

近年来，随着生命科学的发展，人类又研制了许多效果更佳的疫苗。例如，利用现代基因工程技术，把病原菌最容易被人体识别、特异性最高，又最容易引起机体免疫性能的基因片段重组到动物或微生物细胞表达系统中，所产生的蛋白质和多肽可作为刺激人体产生抗体的疫苗。由于基因工程疫苗表达量高，副效应小，又利于工业化生产，成本比传统血源性疫苗更低廉，因此很快成为各国争相开发和生产的一类疫苗产品。

横空出世的磺胺

20世纪初，致病菌是人类的一大敌人，科学家一直试图寻找各种对病菌有效的物质。1910年，当德国科学家埃利希发现二氨基二氧偶砷苯（砷凡纳明）对梅毒有极好疗效时，人们以为：这下可以战胜致病细菌了。然而，这个希望落空了，砷凡纳明对细菌没有任何作用。

正当人们对细菌性疾病束手无策时，又一位德国科学家攻克了这个难关。他发明了人类第一个对抗细菌的药物——百浪多息，从此，开创了化学治疗细菌感染的新纪元。

被迫放弃诺贝尔奖金的科学家

1895年杜马克（Gerhard Johannes Paul Domagk）出生在德国勃兰登堡，家境十分清苦。1914年，杜马克以优异的成绩考入基尔大学医学院，但学习生涯刚刚开始因为第一次世界大战爆发而中断了，他自愿参加了战争。1918年，杜马克回到基尔大学医学院继续学习，并取得医学博士学位。毕业后他进入德国法本化学工业公司工作。

1927年是杜马克人生道路上的一个重要转折点，他被任命为研究所病理学和细菌学主任。1932年，杜马克发现了具有重要意义的化合物——百浪多息。1939年，诺贝尔基金会为了表彰杜马克的重大贡献，授予他诺贝尔生理学或医学奖。但当时的德国正处在纳粹法西斯的统治下，希特勒明令禁止德国人接受诺贝尔奖。纳粹强迫杜马克签名拒绝接受诺贝尔奖，并把他软禁达8年之久。

诺贝尔奖金只为得奖人保留1年，超过年限，奖金将返回诺贝尔基金。不过诺贝尔奖的奖章和对获奖者表示敬意的仪式则可为得奖人长期保留。第二次世界大战结束后，诺贝尔基金会专门为杜马克补行了授奖仪式，瑞典国王亲自为杜马克颁发了证书和镌有他姓名的诺贝尔奖章。在授奖仪式上，杜马克热情洋溢地作了题为《化学治疗细菌感染的新进展》的演讲，受到听众的热烈欢迎。

红色染料——"百浪多息"

20世纪20年代，全球医药界掀起了一股合成新的有机药物的

高潮。杜马克担任实验室主任后，致力于探索某些染料应用于医学上的可能性。他先后测试了1000多种偶氮类染料在试管中和小鼠体内对酿脓链球菌的杀菌效果。然而，盼望中的抗菌新药并没有出现。

1932年圣诞节前夕，经历了无数次失败后，奇迹终于发生了。杜马克用一种在试管中没有抗菌作用的红色染料灌胃于受细菌感染的小白鼠后，这些小白鼠竟意外日渐康复起来。

这种救活小白鼠的红色染料是什么呢？其实它早在1908年就已人工合成，名为"百浪多息"。由于它能快速而紧密地与羊毛蛋白质结合，常被用来对纺织品染色。因为"百浪多息"中含有一些消毒成分，所以曾零星地用于丹毒等疾病的治疗。

杜马克发现百浪多息的药用价值后，既兴奋又冷静。他没有急于发表论文，而只是以"杀虫剂"申请了专利权，因为他还需要进一步研究。

"百浪多息"是一种含有多种成分的红色染料。究竟是哪种成分对链球菌有杀灭作用呢？经过反复试验，杜马克从"百浪多息"中提取出一种白色粉末，即磺胺。杜马克将溶血性链球菌注射到狗身上，原本活蹦乱跳的狗很快就病得大喘粗气，动弹不得。然而当杜马克将磺胺溶液注射到狗的体内后，不一会儿，狗又能摇头摆尾，并逐步恢复了活力。

这一实验证明：是"百浪多息"中提取出来的磺胺对杀灭溶血性链球菌发挥了作用。为了慎重起见，杜马克又对兔子等动物做了实验，均取得预期的疗效。

任何药物只有临床效果才是最有说服力的。磺胺对人体的细菌感染疗效如何呢？

最高的奖赏——救了女儿

正当杜马克准备临床试验时，杜马克的掌上明珠玛丽的手指被刺破并感染，手指肿胀发痛，全身发热。杜马克心急如焚地请来当地最有名的医生，可是一切都无济于事，玛丽的病情不但没有得到控制，反而逐渐恶化成败血症，生命垂危。杜马克把玛丽伤口的渗出液和血液用显微镜进行观察，发现病菌正是酿脓链球菌。一个念头闪现在杜马克的脑中：磺胺，不正盼着要把这种新药用于人体吗？今天这机会来了，但用药的是他心爱的女儿。

磺胺动物试验的成功并不意味着对人有效。然而杜马克别无选择，他只有冒险一试。杜马克将磺胺溶液注射进处于昏迷状态的玛丽的体内，他目不转睛地盯着女儿，期待着奇迹的出现。时间，令人焦灼地一分一秒地过去了。终于，玛丽慢慢地睁开了双眼。女儿得救了！怀抱中的女儿成了医学史上第一个用磺胺战胜链球菌感染的患者。杜马克自豪地说："治好我的女儿，是对我发明的最高奖赏。"

磺胺的发现轰动了全世界。不久，法国巴斯德研究所的科学家揭开了"百浪多息"只有在体内才能杀死链球菌，而在试管内则不能杀菌的谜团。原来"百浪多息"进入体内后，经过代谢可以分解成对氨基苯磺酰胺（即磺胺）。磺胺与细菌生长所必需的对氨基甲酸在化学结构上十分相似，被细菌吸收而又不起养料作用，细菌就因缺乏营养而死去。图4-7为磺胺类药物的抗菌作用。

保持持久战斗力的"磺胺家族"

磺胺是第一个抗菌药物，到现在已发展成一个庞大的常用抗菌药物"家族"。目前临床应用的有20余种。根据感染的不同，医生

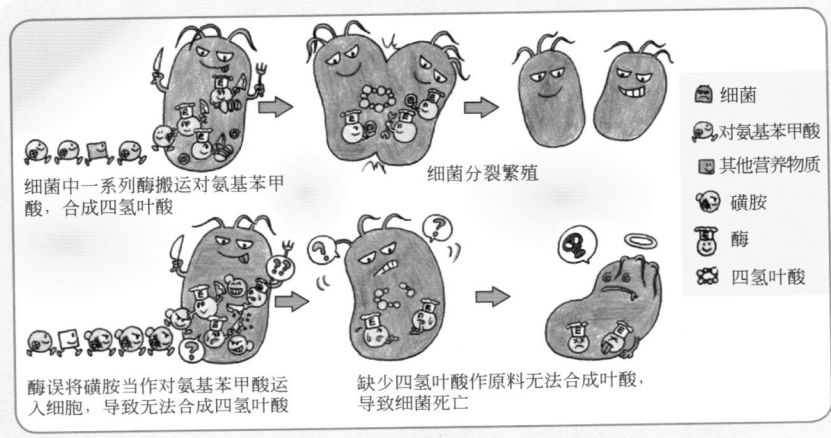

细菌中一系列酶搬运对氨基苯甲酸，合成四氢叶酸

细菌分裂繁殖

🦠 细菌
🦠 对氨基苯甲酸
▣ 其他营养物质
🧲 磺胺
🍼 酶
✳ 四氢叶酸

酶误将磺胺当作对氨基苯甲酸运入细胞，导致无法合成四氢叶酸

缺少四氢叶酸作原料无法合成叶酸，导致细菌死亡

图4-7　磺胺类药物的抗菌作用

挑选不同的磺胺药用于治疗。例如，全身性感染可选用磺胺甲噁唑（SMZ）、磺胺异噁唑（SIZ）、磺胺嘧啶（SD）、复方新诺明（磺胺甲噁唑与抗菌增效剂甲氧苄啶的复合物）、双嘧啶片（磺胺嘧啶与甲氧苄啶的复合物）等。用于肠道感染的磺胺类药物有磺胺脒（SG）、琥磺噻唑（SST）、酞磺胺噻唑（PST）、酞磺醋胺（PSA）等。磺胺醋酰（SA；SC-Na）是治疗沙眼的外用磺胺药物，磺胺嘧啶银（SD-Ag）用于预防烧伤感染，磺胺米隆（SML）适用于烧伤和大面积创伤后感染的治疗。

所向披靡的青霉素

第一个抗菌的磺胺药物对于化脓性咽喉炎、脊膜炎、淋病等都很有效，但是，它对其他细菌性疾病的效果并不明显，而且，许多患者使用后还会产生严重的副作用，甚至会死亡。这就促使科学家们寻找毒副作用小、作用范围广的新抗菌药物。青霉素的发现，为感染细菌的患者带来了新希望，从此抗菌治疗迈入了一个新的时代。

机遇眷顾有准备的人

潜心于杀菌研究的医生　1881年弗莱明（Alexander Fleming）出生于苏格兰艾尔郡洛奇菲尔德农民家庭，自幼家境贫寒，但乡间清新的空气、碧绿的田野、清澈的小溪，陶冶了他自然纯朴的性情。在美妙的自然风光中，幼小的弗莱明学会了细致地观察自然。长大后，一小笔意外的遗产帮助他考上了圣玛丽医学院，实现了他多年的夙愿——学医。弗莱明学习刻苦勤奋，成绩优异，1909年毕业后即留在了圣玛丽医院的预防接种科。

正当弗莱明雄心勃勃准备在免疫预防领域大干一场的时候，第一次世界大战爆发了。战争几乎改变了每个人的生活轨道。弗莱明以中尉军衔参加了皇家军医部队。在法国布洛涅的一个战地研究实验室中，他参与研究并协助治疗协约国伤员所患的传染病。

在血与火的战场上，伤兵越来越多。由于战场上卫生条件极差，当伤员送达时，伤口常常已经感染，许多伤兵因细菌感染到血液而死亡。此时，再高明的医生也无能为力。望着那些痛苦不堪而濒临死亡的伤员，弗莱明心如刀绞，一个念头在弗莱明的心里越来越坚定，那就是要研制出一种阻止伤口感染的药剂。

1919年，弗莱明回到圣玛丽医学院全力开始了抗菌药物的研究。弗莱明和他的助手把研究对象对准了金黄色葡萄球菌，因为它是一种分布非常广泛且危害很大的病原菌，疔、痈、扁桃体炎和伤口感染化脓，往往就是它在作怪。弗莱明和他的助手整天泡在简陋的实验室里，在一只只培养皿中接种葡萄球菌，进行人工培养，再

试验各种药剂对葡萄球菌的作用，以期找到杀灭葡萄球菌的理想药物。

弗莱明是一个富有创造性和想象力的人，他在工作中从不墨守成规，在貌似随意的研究中，他不断取得有价值的突破。1922年的一天，患着感冒的弗莱明正在观察培养皿中的细菌。他鼻塞得很不舒服，忽然，他灵机一动，取了一点自己的鼻腔黏液加到一个培养皿中。奇怪的事情发生了：黏液周围的细菌几乎立刻就被破坏了。显然，黏液中的某些东西对细菌有致命的作用。这个偶然现象一下子吸引了弗莱明的注意力。由于黏膜分泌的这种物质可能是能够消灭和溶解细菌的酶，弗莱明便把它命名为溶菌酶。弗莱明等人不仅在人的血清、眼泪、唾液和牛奶中找到了溶菌酶，而且在白细胞、鸡蛋清和萝卜汁中也找到了溶菌酶。可惜这位沉默寡言的细菌学家的发现没有产生什么反响。但是，溶菌酶的发现为弗莱明的深入研究指明了方向，为弗莱明打开了通向发现青霉素的大门。

意外发现　1928年9月的下午，长假后的弗莱明来到了实验室。他一边察看着葡萄球菌的生长情况，一边和一位同事闲谈。忽然，他的视线被什么东西吸引了。这个培养皿中原本是培养金黄色葡萄球菌，现在却生长着青色的霉菌。由于实验过程中需要多次开启培养皿，因此，弗莱明暗想，一定是葡萄球菌受到了污染。但是令人奇怪的是，凡是葡萄球菌培养物与青色霉菌接触的地方，葡萄球菌变得半透明了。

毫无疑问，青霉菌消灭了它接触到的葡萄球菌。对于这一现象，一般的细菌学家可能不会觉得有什么了不起，因为当时已经知道有些细菌会阻碍其他细菌的生长。可是这种不知名的青霉菌居然对葡萄球菌有如此强烈的抑制作用，要知道葡萄球菌是极其重要的人类致病细菌。因此，这一发现就非同寻常了。良好的科学研究素质促使弗莱明立刻意识到可能出现了某种了不起的东西。他想知道这种神秘的具有如此效力的霉菌究竟是什么。他迅速地从培养皿中刮出一点霉菌，小心地放在显微镜下。透过厚厚的镜片，他终于发现那种能使葡萄球菌逐渐溶解死亡的菌种一种青霉——点青霉。随后，他制作了一系列霉菌的培养液，结果表明，这种霉菌喜爱肉汤，它借助这种养料在几天内长成一个松软、有绒毛的团块，又过了几天孢子形成，真菌团块变成了深绿色，培养汤呈淡黄色。他又惊讶地发现，不仅这种青霉菌具有强烈的杀菌作用，而且就连黄色的培养汤也有较好的杀菌能力。于是他推论，真正的杀菌物质一定是青霉菌生长过程的代谢物，他称之为青霉素。此后，在长达4年的时间里，弗莱明对这株点青霉菌进行了全面的专门研究。他在各种旧衣服、破皮靴、烂鞋、陈年书画，还有各种会发霉的污物中，以及日常会生霉菌的奶酪、果酱等食品中，寻找各种各样的霉菌，并将它们收集起来，进行培养，观察这些霉菌能不能对病菌有杀灭能力。结果他发现只有点青霉是独一无二的，只有它能杀病菌，而且能杀死那些导致伤兵伤口腐烂的病菌。青霉素的发现成为了第二次世界大战的三大发明之一，在此期间《时代周刊》刊登了有关宣传青霉素的图片，上面写着"感谢青霉素，他将回家！"（图4-8）。

一系列的实验表明，青霉菌与面包或奶酪里的霉菌没有什么不同。但是青霉素对许多能引起严重疾病的细菌有显著的抑制和破坏作用，而且杀菌作用极强，即使稀释1000倍，也能保持原来的杀菌力。它的另一个优点就是对人和动物的毒害极小。青霉素成为第一种有效、实用的抗生素，它在治疗传染病方面的神奇效力，给那些正与各种传染病进行殊死搏斗的人们带去了福音。表面看

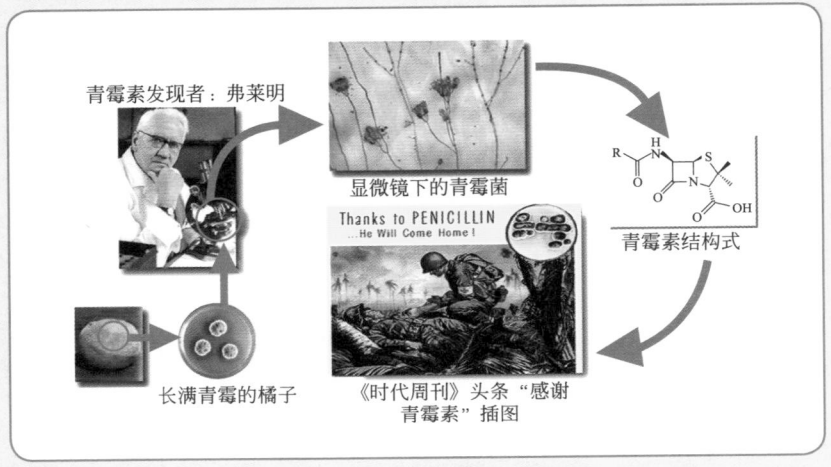

图4-8 青霉素的发现与应用

来，这一重大医学成就的取得是多么偶然，多么不可思议，甚至在弗莱明自己也称之为一个偶然的机遇。其实，早在1911年，里查特·威斯特林在斯德哥尔摩大学答辩的博士论文中就记载过特异青霉，经鉴定证明那就是弗莱明发现的青霉素产生菌。遗憾的是，威斯特林并没有进行更深入的研究，从而没有发现它的抗菌作用。如果人们知道这些，就不能不承认，这一偶然发现之中其实也包含着某些必然的因素——弗莱明的个人的性格和研究活动特色：细致观察、认真思考、敏锐判断。

　　1945年，在哈佛大学的毕业典礼上，弗莱明向25000名毕业生发表演讲时说："1928年的那一天，我并没有打算让点青霉孢子掉在我的培养基上，但是我一看见培养基上出现的变化，就丝毫不怀疑，非同寻常的事就要发生了。"他谆谆嘱咐哈佛学子："千万不要忽视非同寻常的现象或事件。也许它只是一桩虚假警报，一无用处。但是，从另一方面说，它也可能是命运向你提供的导致重大进展的线索。"他还说,"头脑准备不足,就看不见伸向你的机会之手。"重大发现取决于一丝不苟的工作和有准备的头脑。

公之于众　弗莱明把这种霉菌的培养液滴在伤口表面,或用它治疗眼睛的外部感染——他获得了成功。于是弗莱明不再迟疑,他实事求是地将这一发现公之于众。1929年5月,弗莱明相继在《英国病理学杂志》和《柳叶刀》上发表了关于青霉素的研究报告。他附上了最初的霉菌培养液的原版照片,并这样写道,"青霉素可能会成为一个有效的抗菌药物,能被用来涂敷或注射在对青霉素敏感的微生物感染的区域"。虽然报告发表在享有盛誉的专业刊物上,却几乎没有产生什么反响。当时医学界的注意力集中在大有希望的磺胺药物上,所有别的化合物似乎只是一种"无足轻重的东西"。而且当时弗莱明在发表文章的时候并没有提到青霉素在临床上的初期成功应用,它成功地治愈了一个矿工的被感染的眼睛,保住了视力。另外,还治愈了一个出生时由于母亲患有淋病而感染了眼疾的婴儿,多年后被问起为什么没有发表这些治疗结果的时候,弗莱明认为当时用的是粗的提取液,没有经过充分的验证,不值得发表。如果当时能把这些成果发表的话,青霉素的广泛认可或许就能够提早很多年。

由于弗莱明生化技术的欠缺,无法提取足够量的青霉素,而且,弗莱明发现青霉素产生菌在他的培养条件下不稳定,在培养8天后就停止产青霉素了。渐渐地就连弗莱明的同事也开始对青霉素丧失信心,放弃了继续研究。但是,弗莱明坚信:青霉素是有价值的,总有一天人们将不可避免地要用它的力量去拯救生命。因此,他没有轻易丢掉这株菌种,而是耐心地一代又一代在培养基上转接培养。

弗洛里和钱恩——青霉素的再发现者　在20世纪30年代的英国牛津大学，澳大利亚病理学教授弗洛里（Howard Walter Florey）博士组织了有机化学家、生物化学家、药理学家、细菌学家和临床工作者等一大批人研究溶菌酶。1935年，受纳粹威胁的俄裔犹太人钱恩（Ernst Boris Chain）博士逃离德国，加盟这个研究小组。在他们查阅所有关于抗菌物质的文献报道时，不但查到了弗莱明关于溶菌酶的研究论文，而且他10年前关于青霉素的论文也被意外发现。青霉素的抗菌作用引起了他们的强烈兴趣，于是他们当机立断决定重点研究青霉素。

开展这项工作约需要250英镑添置一些器材和试剂。当时独具慧眼的美国洛克菲勒基金会提供了资助。1937年，当他们的研究经费山穷水尽又遭英国医学科研委员会拒绝资助时，洛克菲勒基金会再次伸出了援助之手，连续5年资助，金额达5000美元。

弗洛里和钱恩发现了一株青霉菌，这一菌种同弗莱明首次发现的点青霉一模一样。于是他们一鼓作气，开始了试验和分离青霉素。经过无数个不眠之夜，钱恩终于成功地分离出黄色青霉素粉末，并把它提纯为药剂。这些黄色粉剂稀释3000万倍仍有抗菌作用，比当初最有效的磺胺药物还大9倍，比弗莱明提纯的青霉素粉末高1000倍，1940年春天，他们又进行70～80种病菌的试管实验和多次动物感染实验，结果非常令人满意。青霉素不但没有明显的毒性，而且对多种病菌都有较大的杀伤作用。

三星相会　1940年8月，钱恩和弗洛里等把对青霉素的全部研究成果刊登在著名的《柳叶刀》杂志上。这篇论文极大地震动了一个人，那就是青霉素的发现者弗莱明。10年来他始终密切注视着抗菌物质的研究动态。看到钱恩和弗洛里的研究成果，弗莱明十分欣慰，因为他们最终证实了他心中长期存在的疑虑。

弗莱明立刻动身赶到牛津与钱恩和弗洛里相见，这次会见是历史性的。当钱恩等人的惊喜之情溢于言表。弗莱明毫不犹豫地把自己培养了多年的青霉素产生菌送给了弗洛里。

为表彰弗莱明、弗洛里和钱恩对人类作出的杰出贡献，1945年诺贝尔基金会把医学或生理学奖授予了发现青霉素的这三位元勋。在评奖过程中还有一个小插曲：部分评委认为虽然三位科学家都具备获得诺贝尔奖殊荣的条件，但相对而言弗莱明的贡献要大于弗洛里和钱恩，因此建议把奖金的一半颁发给弗莱明，另外一半由弗洛里和钱恩平分；但是，最终还是三人平分了奖金，因为大多数评委认为如果没有弗洛里和钱恩的工作，青霉素就不可能实现产业化，也就不会显示出如此强大的作用。

外部环境是催生成功不可或缺的要素

青霉素的曲折命运　科学的成功历程是那么漫长。青霉素再次被发现之后，它的命运仍十分坎坷。英国医学科研委员会和牛津大学不仅拒绝为钱恩等的青霉素专利保护，而且拒绝了他们组建试验工厂以进一步探索工业化生产青霉素的要求。弗洛里等四处奔波，希望英国的药厂能投产这一大有前途的新药，遗憾的是多数药厂都借口战时困难而置之不理。

钱恩和弗洛里带着青霉素菌种、2克青霉素，以及满身的疲惫和残存的希望，远涉重洋，飞往美国。

战争的需要　1939年，第二次世界大战爆发，欧亚大陆硝烟弥漫，很多士兵没有牺牲在刀枪战火中，却因伤口感染而死亡。战争需要更好的杀菌药物，青霉素的大规模生产成为燃眉之急。

1941年美国军方宣布青霉素为优先制造的军需品，并将青霉素的生产和疗效的资料列为"高度机密"。

1944年英美联军在诺曼底登陆，开始大规模同德国法西斯作战，受伤的士兵越来越多，对抗菌药物的需要也越来越迫切。磺胺药物虽然发挥了很大作用，但在医治重伤员方面效果不够理想。此时，为数不多的青霉素填补了磺胺药物的空白，显示了救治重伤员的较大威力。一位陆军少将由衷地称赞道：青霉素是治疗战伤的一座里程碑。

发酵工业的发展　在军方的大力支持下，青霉素开始走上了工业化生产的道路。

青霉素生产最早采用固体表面培养法，就是使用麸皮、豆饼粉、玉米粉等固体物与水混合制成的固体培养基经过加热灭菌，冷却后与青霉菌菌种液体混合，放到浅盘里，再将浅盘摆放在室内的架子上，保持室内温度和湿度，并经常翻动，进行发酵。发酵结束后，用水将产生的青霉素由固体培养基中浸提出来，制成干粉。这个生产过程与过去农村使用原始的制曲发酵生产酱油、醋类似。使用这种传统方法虽然可以获得青霉素产品，但存在许多问题。

为了获得足够量的青霉素，需要大量的培养基和培养室，占用的厂房非常大，这也使得温度和湿度很难控制；工人在又热又潮的培养室里，劳动强度非常大，十分辛苦。更重要的是在发酵过程中，为了通气，培养基是暴露在空气中，空气中的各种微生物会造成大量污染，无法做到纯种发酵，使得每一次的发酵结果都不相同，很难控制发酵过程，生产的产品的质量也无法保障。像这样的问题还有很多，因此，当时利用固体表面培养法生产青霉素的水平很低，发酵效价只有40余单位/毫升，提取收率只有20%，产品纯度为20%，而且成本很高。按现在对药品质量的要求，这样的产品很难作为药物使用。

因此，科学家开始探索新的生产方法。1942年液体深层发酵法研究成功。所谓液体深层发酵是指使用液体培养基在固定的容器内发酵。液体培养基相对于固体培养基而言，其中水的含量达到80% ～ 90%，而固体培养基的固体物占60% ～ 70%，水占30% ～ 40%。

1942年，第一批青霉素在美国伊利诺伊州的一家工厂开始生产，但产量少得可怜。实践发现，弗莱明发现的点青霉的发酵产量不高，所以科学家展开了其他产青霉素菌种的研究工作。最终在皮奥里亚的一个腐烂甜瓜中，找到了一株产黄青霉菌株。这种霉菌生产速度快，产量也比点青霉高200倍。科学家们通过X射线和紫外线诱变，这株菌种又培养出了比弗莱明的原始菌株产量高1000倍的突变菌株。

于是在短短一年中，20余家美国公司开始大量生产青霉素，产量日益增加。在第二次世界大战期间，正是这种有神奇疗效的青霉素，使成千上万受死亡威胁的生命得以幸存，美军在第一次世界大战中死于肺炎的士兵占了18%，而在第二次世界大战中由于青霉素的使用这一比例下降到1%。

所向披靡的青霉素

青霉素的发现是人类抗菌史上的一个里程碑，许多曾经严重危害人类的疾病，诸如曾是不治之症的猩红热、化脓性咽喉炎、白喉、淋病，以及各种结核病、败血病、肺炎、伤寒等，都得到了有效的抑制。人类的平均寿命得以延长。

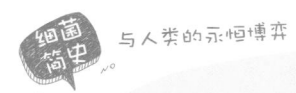

青霉素之所以对很多细菌感染疾病有效，这是因为它能阻碍细菌细胞壁肽聚糖的合成，导致细胞壁缺损、水分内渗、肿胀、细菌裂解而死亡。细菌犹如鸡蛋，蛋壳就是细菌的细胞壁，牢牢地把细菌细胞内的所有物质包围起来，否则，这些细胞内的物质就会流失掉。因此，可以想象如果鸡蛋的蛋壳被破坏了，整个鸡蛋也就被破坏了；细菌的细胞壁被破坏了。细菌也就不能生长繁殖了。

细菌在接触青霉素后会出现什么现象呢？那就是在生长有细菌的培养皿上出现明显的透明圈（即抑菌圈），如图4-9（a）所示，生长在培养皿上的霉菌，由于其能够产生青霉素而抑制了周围细菌的生长，形成了透明圈。细菌在青霉素作用下细胞壁被破坏而成为一个柔软的圆球（即原生质体），进而在渗透压的作用下，圆球裂解，细菌死亡，如图4-9（b）所示。

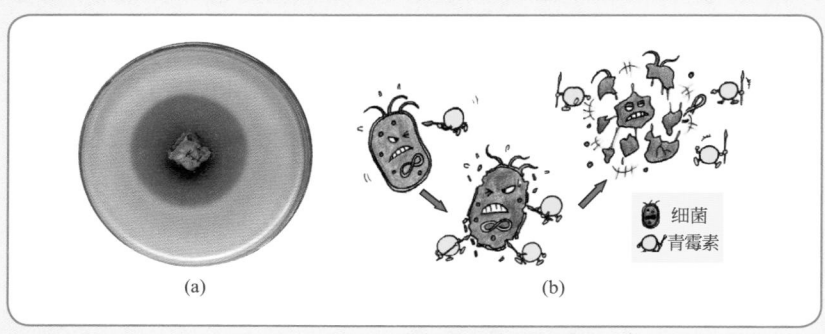

图4-9　细菌在青霉素作用下细胞壁破裂而死亡

青霉素的临床应用已经超过了75年，但它仍然是一种非常有效的药物。特别是由此而发展起来的被称为 β – 内酰胺类抗生素的大家族，是目前抗细菌感染的主要药物。这类药物除了其中少部分具有过敏反应外，几乎没有其他毒副作用。这是由于这类药物的作用机制是抑制细菌细胞壁的合成，而人体细胞没有细胞壁，即具有很大的选择毒力。

伟人也是凡人

青霉素的发现毫无疑问地使弗莱明成为一名顶天立地的伟人。但是，从弗莱明发现青霉素到真正的应用整整被埋没了10年，这里除了当时客观的条件外，主观上也限制了青霉素的研究进程。毕竟伟人也是凡人。

青霉素极难提取，且活性不稳定。在当时的技术条件下，即使对于专业的生化学家来说，提取青霉素也是一个重大的难题。弗莱明是一个细菌学家，而非全才，化学知识的欠缺，使他无法将液体培养基中的青霉素提取出来。没有纯化的青霉素，就无法深入研究，无法在临床实践中运用。

弗莱明还受到当时科学思想的阻碍，认为动物试验结果不能反映在人体内所发生的情况，或者说以动物试验结果来指导人的医学实践是不可靠的。这个错误思想主导着弗莱明及所在的研究室。使他们对青霉素的临床疗效信心不足。

此外，20世纪20～30年代的免疫学研究进展很快，很多感染疾病可以通过免疫学方法得到有效的防治；刚刚问世的磺胺类药物对很多细菌感染疾病具有神奇的疗效。因此，当时很多科学家的研究热点都集中在免疫学或磺胺类药物的研究方面。

青霉素应用研究的成功，除了科学家的研究兴趣外（弗洛里是使青霉素重见天日的核心人物），也与当时的客观情况有关：免疫学研究进展开始缓慢；第二次世界大战期间伤兵感染愈来愈多，而原来对细菌感染行之有效的磺胺类药物其抗菌威力日趋下降；微生

物液体培养技术和无菌（纯种）培养技术日趋成熟；微生物诱变育种技术（提高霉菌产生青霉素的能力）开始应用并很快取得重大进展等。

当然，各学科的团队合作、研究与开发的紧密结合是不可或缺的。如果没有科学家们的集体协作，青霉素的提纯和工业生产也不会成为现实。200 多名科学家的协同攻关，最终完成了这一壮举。

意义非凡的链霉素

青霉素的应用在抗菌治疗史上具有划时代的意义，它改变了人类与细菌的战争中所处的被动局面。然而，当时青霉素还只能小批量生产，以致它比黄金还要珍贵。再则，青霉素对肺结核的病原体结核杆菌无效。社会的需求促使科学家去寻找和研究新的抗生素。

肺结核是对人类危害最大的传染病之一，在进入20世纪之后，仍有大约1亿人死于肺结核，包括契诃夫、劳伦斯、奥威尔这些著名作家都因肺结核而过早去世。世界各国都曾经尝试过多种治疗肺结核的方法，但是没有一种真正有效，患上结核病就意味着被判了死刑。青霉素的神奇疗效给人们带来了新的希望，能不能发现一种类似的抗生素有效地治疗肺结核？

果然，在1945年的诺贝尔奖颁发几个月后，1946年2月，美国罗格斯（Rutgers）大学教授赛尔曼·瓦克斯曼（Selman A. Waksman）宣布其实验室发现了第二种应用于临床的抗生素——链霉素，对抗结核杆菌有特效，人类战胜结核病的新纪元自此开始。和青霉素不同的是，链霉素的发现绝非偶然，而是精心设计的、有系统地长期研究的结果。

"神药"的发现

1888年瓦克斯曼出生在俄国西伯利亚大草原的一个犹太人家庭。在他青年时代俄国正处于反犹运动的旋涡中，22岁那年瓦克斯曼随家人移居美国新泽西州。寄居在一个亲戚家的农场里。这段时间里，瓦克斯曼有足够的时间充分接触农业，如动物的饲养、堆肥厩肥、种子萌发等，进一步增强了他对农学的兴趣。在亲戚的建议下，瓦克斯曼拜访了罗格斯学院俄国教授——立普曼教授。在立普曼教授的指引下，他放弃了先前从医的打算，进入农学院深造。

瓦克斯曼是个土壤微生物学家，自大学时代起就对土壤中的放线菌感兴趣，1915年他在罗格斯大学上本科时与其同事发现了链霉菌——链霉素就是后来从这种放线菌中分离出来的。人们长期以来就注意到结核杆菌在土壤中会很快死亡。1932年，瓦克斯曼受美国对抗结核病协会的委托，研究了这个问题，发现这很可能是由于土壤中某种微生物的作用。1939年，在药业巨头默克公司的资助下，瓦克斯曼领导其学生开始系统地研究是否能从土壤微生物中分离出抗细菌的物质，他后来将这类物质命名为抗生素。

瓦克斯曼领导的学生最多时达到了50人，他们分工对1万多个菌株进行筛选。1940年，瓦克斯曼和同事伍德鲁夫（H. B. Woodruff）分离出了他的第一种抗生素——放线菌素，可惜其毒性太强，价值不大。1942年，瓦克斯曼分离出第二种抗生素——链丝菌素。链丝菌素对包括结核杆菌在内的许多细菌都有很强的杀灭作用，但是对人体的毒性也太强。在研究链丝菌素的过程中，瓦

克斯曼及其同事开发出了一系列抗菌活性检测的方法，对以后发现链霉素至关重要。

　　链霉素是由瓦克斯曼的学生阿尔伯特·萨兹（Albert Schatz）分离出来的。1942年，萨兹成为瓦克斯曼的博士研究生。不久，萨兹应征入伍，到一家军队医院工作。1943年6月，萨兹因病退伍，又回到了瓦克斯曼实验室继续攻读博士学位。萨兹分到的任务是寻找链霉菌的新种，在地下室改造成的实验室里没日没夜工作了3个多月后，萨兹分别从土壤和鸡的咽喉分离到了两个链霉菌菌株。这两个菌株和瓦克斯曼在1915年发现的链霉菌是同一种，但是不同的是它们能抑制结核杆菌等几种病菌的生长。据萨兹说，他是在1943年10月19日意识到发现了一种新的抗生素——链霉素。几个星期后，在证实链霉素的毒性不大之后，梅奥诊所的两名医生开始尝试将它用于治疗结核病患者，效果出奇地好。1944年，美国和英国开始大规模开展临床试验，证实链霉素对肺结核的治疗效果非常好，对鼠疫、霍乱、伤寒等多种传染病也有效。与此同时，瓦克斯曼及其学生继续研究不同的链霉菌菌株，发现不同菌株生产链霉素的能力也不同，只有4个菌株能够用以大规模生产链霉素。

　　瓦克斯曼明白自己的实验室已无能力再深入研究下去了，于是他联系了一个临床实验室用猪进行动物试验。1944年，该临床实验室用了整整一年的时间在感染结核病的猪身上进行实验，他们通过改变剂量，使副作用降低到最低程度。研究结果是令人振奋的，这种新药具有治疗结核病的作用，并对动物无害。1945年，33例患者的临床试验也证实链霉素是安全有效的。瓦克斯曼正式宣布了一种新的抗生素——链霉素诞生了。由于已经有了青霉素的生产经验和设备，链霉素很快就大量生产，迅速成为风靡一时的"神药"。

科学界的"恩怨"

1946年，萨兹博士毕业。在离开罗格斯大学之前，萨兹在瓦克斯曼的要求下，将链霉素的专利权无偿交给罗格斯大学。萨兹当时以为没有人会从链霉素的专利中获利，但是瓦克斯曼另有想法。瓦克斯曼早在1945年就已意识到链霉素将会成为重要的药品，从而会有巨额的专利收入。但是根据他和默克公司1939年签署的协议，默克公司将拥有链霉素的全部专利。瓦克斯曼担心默克公司没有足够的实力满足链霉素的生产需要，觉得如果能让其他医药公司也生产链霉素的话，会使链霉素的价格下降。于是他向默克公司要求取消1939年的协议。默克公司竟然慷慨地同意了，在1946年把链霉素专利转让给罗格斯大学，只要求获得生产链霉素的许可。罗格斯大学将专利收入的20%给予了瓦克斯曼。

3年以后，萨兹获悉瓦克斯曼从链霉素专利获得个人收入，并且合计已高达35万美元，大为不满，向法庭起诉罗格斯大学和瓦克斯曼，要求分享专利收入。1950年12月，案件获得庭外和解。罗格斯大学发布声明，承认萨兹是链霉素的共同发现者。根据和解协议，萨兹获得一次性12万美元和年3%（大约1.5万美元）的专利收入，瓦克斯曼获得10%的专利收入，另有7%的专利收入由参与链霉素早期研发工作的其他人分享。瓦克斯曼自愿捐出其专利收入的一半成立基金会资助微生物学的研究。

用现在流行的话来说，萨兹的这种做法破坏了行业潜规则，虽然赢得了官司，却从此难以在学术界立足。他申请了50多所大学的教职，没有一所愿意接纳一名"讼棍"，只好去一所私立小农学院教书。虽然在法律上萨兹是链霉素的共同发现者，但是学术界并

不认账。1952年10月，瑞典卡罗林纳医学院宣布将诺贝尔生理学或医学奖授予瓦克斯曼一个人，以表彰他发现了链霉素。萨兹通过其所在农学院向诺贝尔奖委员会要求让萨兹分享殊荣，并向许多诺贝尔奖获得者和其他科学家求援，但很少有人愿意为他说话。瓦克斯曼在领奖演说中介绍链霉素的发现时，不提萨兹，而说"我们"如何如何，只在最后才把萨兹列入鸣谢名单中。瓦克斯曼在1958年出版回忆录，也不提萨兹的名字，而是称之为"那位研究生"。

瓦克斯曼此后继续研究抗生素，一生中与其学生一起发现了20多种抗生素，以链霉素和新霉素最为成功。瓦克斯曼于1973年去世，享年85岁，留下了500多篇论文和20多本著作。

萨兹则从此再也没能到一流的实验室从事研究，20世纪60年代初离开美国去智利大学任教。1969年他回到美国，在坦普尔大学任教，1980年退休，2005年去世，享年84岁。

萨兹对链霉素的贡献几乎被人遗忘了。20世纪80年代，英国谢菲尔德大学的微生物学家米尔顿·威恩莱特（Milton Wainwright）为了撰写一本有关抗生素的著作，到罗格斯大学查阅有关链霉素发现过程的档案，第一次知道萨兹的贡献，为此做了一番调查，并采访了萨兹。威恩莱特写了几篇文章介绍此事，并在1990年出版的书中介绍了萨兹的故事。此时瓦克斯曼早已去世，罗格斯大学的一些教授不必担心使他难堪，也呼吁为萨兹恢复名誉。1994年链霉素发现50周年时，罗格斯大学授予萨兹奖章。

在为萨兹的被忽略而鸣不平的同时，也伴随着对瓦克斯曼的指责。英国《自然》杂志在2002年2月发表的一篇评论，就以链霉素的发现为例说明科研成果发现归属权的不公正，萨兹才是链霉素的真正发现者。2004年，一位当年被链霉素拯救了生命的作家和萨兹合著出版《发现萨兹博士》，瓦克斯曼被描绘成了侵吞萨兹的科研成果，夺去链霉素发现权的全部荣耀的人。

瓦克斯曼是否侵吞了萨兹的科研成果呢？判断一个人的科研成果的最好方式是看论文发表记录。1944年，瓦克斯曼实验室发表有关发现链霉素的论文，论文第一作者是萨兹，第二作者是E.布吉（E. Bugie），瓦克斯曼则是最后作者。从这篇论文的作者排名顺序看，完全符合生物学界的惯例：萨兹是实验的主要完成人，所以排名第一，而瓦克斯曼是实验的指导者，所以排名最后。可见瓦克斯曼并未在论文中埋没萨兹的贡献。他们后来发生的争执与交恶，是因为专利分享而起，与学术贡献的分享无关。

那么，诺贝尔奖只授予瓦克斯曼一人，是否恰当呢？瓦克斯曼和萨兹谁是链霉素的主要发现者呢？链霉素并非萨兹一个人用了几个月的时间发现的，而是瓦克斯曼实验室多年来系统研究的结果，主要应该归功于瓦克斯曼设计的研究计划，萨兹的工作只是该计划的一部分。根据这一研究计划和实验步骤，链霉素的发现只是早晚的事。换上另一个研究生，同样能够发现链霉素，实际上后来别的学生也从其他菌株发现了链霉素。与弗莱明通过观察一个病原菌平板偶然被飘落的霉菌所污染而幸运地发现了青霉素有所不同，瓦克斯曼团队抛弃了传统的、靠偶然的机遇来分离抗菌物质的方法，建立了一种系统的实验方法有目的地从土壤微生物中提取抗生素。他们针对不同的微生物采用不同的培养基进行培养，观察单菌落周围的抑菌圈，然后有针对性地检测各个单菌落对各种病原菌的抑菌活性。这确实是一项十分繁复、十分艰苦而又十分细致的工作，但这种方法在世界各国的实验室得到了广泛应用，因此瓦克斯曼被视为抗生素之父。

1942年，瓦克斯曼第一个给抗生素下了明确的定义：抗生素是微生物在代谢中产生的，具有抑制他种微生物生长和活动甚至杀灭他种微生物性能的化学物质。瓦克斯曼一生孜孜不倦，发表了几百篇科研论文和综述，著有27本书籍，1本自传《微生物和我的生活》。1973年，瓦克斯曼走完了他精彩的一生，静静地安息在伍兹霍尔附近的公墓内。在许多科学先驱的陪伴下，瓦克斯曼继续接受着来自世界各地无数慕名者的瞻仰。

链霉素的应用

链霉素对结核分枝杆菌具有强大的抗菌作用，它的发现是结核病治疗中的一场革命。从此，宣告了当时无特殊治疗只能靠静养和一般支持治疗的结核病治疗时代的结束。即使在今天它仍是治疗结核病的首选药物之一。

链霉素虽然对大多数革兰阳性菌感染不如青霉素有效，但对多数革兰阴性菌如大肠杆菌、产气杆菌、肺炎杆菌、痢疾杆菌、变形杆菌、布鲁氏菌、鼠疫杆菌等有抗菌作用，因此是青霉素的一种非常理想的补充，可以弥补青霉素治疗革兰阴性菌感染的不足。这两种抗生素之间无交叉耐药性，治疗时万一出现了耐药菌株，两种抗生素可以彼此交替使用。

抗生素治疗的黄金时代

青霉素和链霉素在临床上令人振奋的治疗效果，激发了世界各国科学家的研究热情，并极大地鼓舞了他们发现新抗生素的信心，许多大型制药公司也开始对抗生素开发投入大量的科研经费，一场世界范围的抗生素开发竞赛拉开了帷幕。在这个时期，不但抗生素的研究进入了有目的、有计划、系统化的阶段，而且生产方法工业化，逐渐建立了大规模的抗生素制药工业，因此不少的抗生素品种被用于临床，由此造就了一个抗生素发展的黄金时代。

不断发现和临床应用的一系列抗菌药物使不可一世的细菌性疾病得到了有效的控制，人类迎来了抗菌治疗的黄金时代。

抗菌武器层出不穷

瓦克斯曼建立的一整套较为系统的，从微生物中寻找抗生素的方法，使抗生素的寻找从经验、感性的方法进入到了理性和科学的新阶段。采用这种方法瓦克斯曼一生共发现了20种天然抗生素，而且绝大多数是从放线菌中得到的。放线菌成为产生抗生素的最为重要的来源。

在世界范围内寻找抗生素的热潮中，科研工作者纷纷采用瓦克斯曼的方法，他们来到污水沟旁、垃圾堆上、沃野之中，采集样本，筛选菌种，检测抗菌活性。在短短的一二十年间，相继发现了多黏菌素（1947）、氯霉素(1947)、金霉素(1948)、新霉素（1949）、土霉素(1950)、红霉素(1952)、碳霉素（1952）、制霉菌素（1952）、四环素（1952）、曲古霉素（1952）、竹桃霉素（1954）、环丝氨酸（1955）、新生霉素（1955）、卡那霉素(1958)、利福霉素（1959）、林可霉素（1962）、林霉素（1967）等，抗生素出现了前所未有的盛况。尽管人类已经进入了21世纪，但目前临床应用的大多数天然抗生素都是在20世纪50～60年代发现的。

让武器的威力加倍

青霉素的结构改造　随着青霉素的大量使用，临床上出现了耐药菌，同时为了解决过敏反应和青霉素的口服问题，药物化学家试图对青霉素进行结构改造以寻找具有更好临床效果的新衍生物，于是20世纪60年代后开始进入了半合成抗生素的时代。

1959年，英国Beecham实验室的科学家首次从青霉素发酵液中分离提纯到了青霉素母核6-氨基青霉烷酸，并通过6-氨基青霉烷酸的化学改造合成一系列新的青霉素。如非奈西林（苯氧乙青霉素）、苯唑西林（苯唑青霉素）、阿莫西林（羟氨苄青霉素）、氨苄西林（氨苄青霉素）、甲氧西林（甲氧苯青霉素）、派拉西林（氧哌嗪青霉素）等。从此开始了用化学方法对已有的抗生素进行化学改造的新时期，开辟了研制抗生素的新道路。

头孢菌素的结构改造　1961年，科学家Abraham从头孢霉代谢产物中发现了头孢菌素C。在半合成青霉素发展的启示下，同时由于合成化学的进展和技术难关的攻克，科学家将头孢菌素C水解，加上不同侧链后，成功地合成许多高活力的半合成头孢菌素。由于头孢菌素母核比青霉素母核可供修饰的部位多，因此对半合成头孢菌素的研究工作比对半合成青霉素的研究工作更为活跃。头孢菌素半合成的目标都是针对耐药菌和倍加活性、扩大抗菌谱和降低副作用，从20世纪60年代至今，已经开发出四代头孢菌素。目前临床应用的品种多达50种以上，如头孢氨苄、头孢唑啉、头孢噻肟、头孢他啶、头孢三嗪、头孢匹罗、头孢吡肟、头孢普拉等。

四环类和氨基糖苷类抗生素的结构改造　在对青霉素类和头孢菌类抗生素（它们属于β-内酰胺类抗生素）进行结构改造的同

时，对四环类和氨基糖苷类抗生素的结构改造也在如火如荼地开展之中。

金霉素、土霉素和四环素等四环类抗生素对革兰阳性菌和阴性菌都有抗菌作用，但随着耐药菌的发展，疗效降低，甚至会使治疗失败。将四环类抗生素的酰胺基进行氨甲基化，制得的四环素氨甲基衍生物如甘氨四环素、吗啉四环素等弥补了四环素的缺点，已应用于临床。土霉素经化学改造后得到的去氧土霉素、从脱甲基金霉素而来的二甲胺四环素（米诺环素）在四环类抗生素中抗菌作用最强，而且对耐药菌有效。去氧土霉素作用比四环素强10倍，每天只需给药一次。2005年刚刚上市的替加环素又是在米诺环素的基础上经过结构修饰后筛选获得的，它对多种耐药菌具有很高的活性。

氨基糖苷类抗生素的结构改造主要是针对耐药机制，通过除去易受耐药菌钝化酶攻击的功能基，或抑制耐药菌钝化酶来筛选对耐药菌有效的衍生物。例如，卡那霉素的3′-羟基易被耐药菌磷酸化而失去抗菌活性，卡那霉素进行结构改造后的3′-脱氧卡那霉素就对耐药菌有抗菌活性。

红霉素的结构改造 红霉素是常用的大环内酯类抗生素，它的主要缺点是在胃液酸性介质中不稳定，容易被破坏而失活，致使血液中药物浓度不高，而且具有强烈的苦味。为了克服这些缺点，对红霉素加以化学结构的改造，可以得到对酸稳定、吸收好、不良反应小的一系列衍生物。结构改造后的8-氟红霉素A，不受胃液破坏，血药浓度增加，肝毒性低，是一个较好的半合成衍生物。红霉素C9位羰基改造后获得的罗红霉素稳定性好，血液浓度提高了几倍。目前临床上应用的还有阿奇霉素、罗红霉素、甲红霉素、地红霉素和泰利霉素等。特别是阿奇霉素在我国2003年"非典"流行

时对排除疑似患者立下了很大的功劳：发热患者服用阿奇霉素后仍然没有作用的患者，才可以确定为"非典疑似患者"，因为阿奇霉素能够控制由细菌、支原体、衣原体和立克次体等微生物引起的肺炎，即典型肺炎。

从杜马克1932年发现百浪多息（磺胺类药物）开创细菌感染的化疗时代、弗莱明1928年发现青霉素开创抗生素时代、瓦克斯曼1945年发现链霉素迎来抗生素的黄金时代以来，至今抗生素已经形成了庞大的家族（图4-10）。可以毫不夸张地说，它为人类的健康所作出的贡献是其他任何药物无法比拟的。今天生活在地球上的每一个人，都要感谢这些伟大的科学家，感谢所有为抗生素事业作出贡献的人。

"是药三分毒"

抗菌药物的不良反应　1930年前，因细菌感染而丧命的人比比皆是。抗菌药物的发现给人类带来了福音。可是，任何事物都有两面性，抗菌药物同样如此，它们在发挥治疗作用的同时也会引起很多不良反应。

抗菌药物的不良反应是指正常剂量下用于治疗疾病时出现的有害和与用药目的无关的反应。抗菌药物的不良反应主要有毒性反应、过敏反应和二重感染。

抗菌药物的毒性反应主要与用药剂量和时间有关，通常是指抗菌药物引起的生理功能异常和结构的病理变化，如神经系统、肾脏、肝脏、血液系统的损害、胃肠道反应、注射部位局部反应、骨骼发育障碍等。对神经系统有损害的药物有氨基糖苷类抗生素，如链霉素、庆大霉素、卡那霉素等，这些药物可以损害听神经，造成

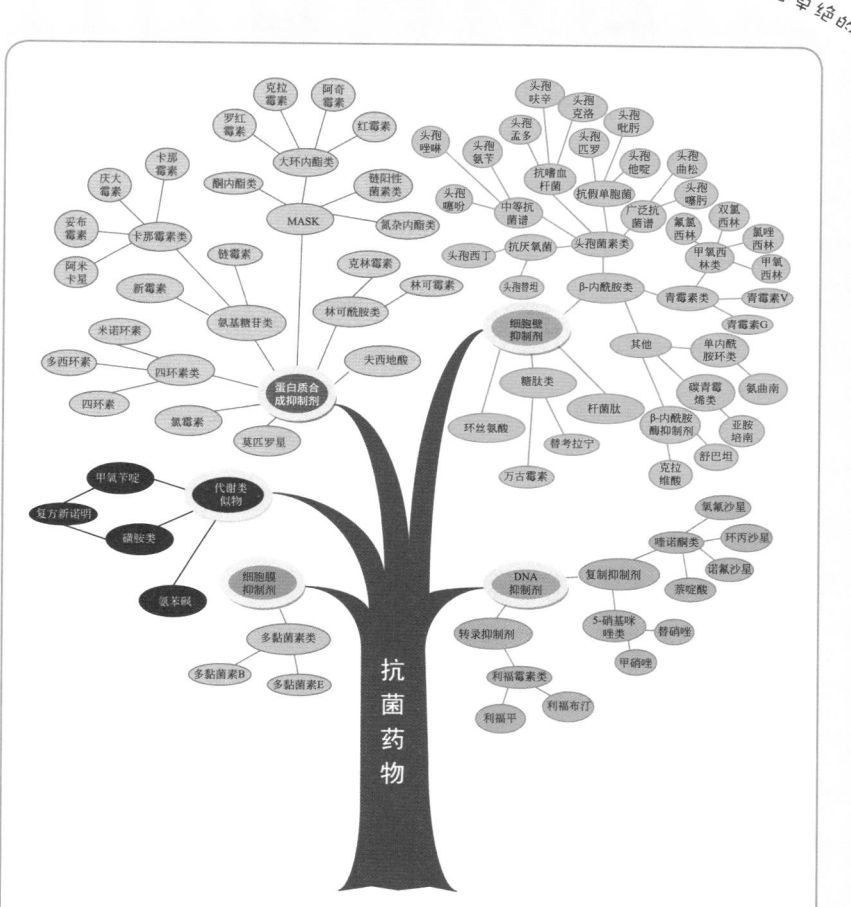

图4-10　抗菌药物家族

耳聋、耳鸣、眩晕等。乙胺丁醇可引起视神经损害。对血液系统有损害的药物有氯霉素、磺胺类、头孢菌素等，这些药物在长期和大量应用时影响血细胞的生成，致使白细胞、粒细胞、血小板和全血系统减少，造成血液系统损害，可引起再生障碍性贫血、溶血性贫血等。抗菌药物通常经肠道吸收后在肝脏代谢，经肾脏排泄，故肝

脏和肾脏最易受到抗菌药物损伤。对肝脏有损害的药物有四环素、利福平、酮康唑、洁霉素等。这些药物可引起黄疸、肝细胞损伤、肝损害等，严重者可引起死亡。引起肾脏损害的药物有卡那霉素、头孢菌素、多黏菌素B、磺胺类药物等。

过敏反应是使用抗菌药物中最常见的一种反应，症状有发热、药疹、关节痛、支气管痉挛、哮喘、紫癜、出血等，严重的可出现过敏性休克。某些抗菌药物使用前需做皮试，目的就是要预防这些药物可能引起的过敏性休克。对于容易引起严重过敏反应的抗菌药物在使用中应特别注意观察，一旦出现过敏反应，应立即停药。

二重感染为长期大量应用抗菌药物如四环素、头孢菌素、氯霉素等，使机体的正常菌群平衡被破坏，机体菌群失调，致使在抗菌药物应用过程中发生新的感染。

可见，抗菌药物可以治病，但使用不当则可产生新的病痛，甚至造成生命危险。所以，抗菌药物必须在医生的指导下应用，千万不可乱用和过量使用。

青霉素与过敏性休克　青霉素最易引起过敏反应。有5% ~ 6%的人对青霉素过敏，而且过敏性休克的发生率也最高。任何年龄、任何剂量、任何给药途径，均可发生过敏反应。这是一种速发的变态反应，轻者出现过敏性皮疹、荨麻疹、药物疹、淋巴结肿大等，严重的为过敏性休克，表现为呼吸困难、发绀、出冷汗、四肢发凉、血压下降、惊厥和昏迷，若不及时抢救，会危及生命。

有些青霉素过敏体质的人，直接或间接接触极微量的青霉素也会产生过敏，如饮用注射青霉素奶牛的牛奶，使用污染了青霉素的注射器，经常在有青霉素的环境中工作，或患有皮肤霉菌病（可产生类似青霉素的物质）。曾有报道，一位青霉素过敏者经过正在注射青霉素的患者身边时就发生了休克。我国20世纪50年代曾经发生因注射链霉素而导致50多人死亡的严重事件，最终的调查结果是由于生产链霉素的车间原来生产过青霉素。现在各国政府已有明确的法律规定：生产青霉素的车间必须独立，以防止其他药品被青霉素污染。

链霉素与神经系统损害 链霉素类抗生素对肾脏的毒性较大，但产生链霉素过敏反应的人很少，轻的表现为发热、药物性皮疹，严重的会发生剥脱性皮炎（是一种全身性的严重的皮肤病），甚至过敏性休克。

链霉素最严重的毒性反应是神经系统损害。链霉素容易损害第八对脑神经（听觉神经），引起眩晕、运动失调、耳鸣、听力下降，严重时出现永久性耳聋。很多聋哑人都是由于在幼年或童年时使用这类药物所致。

红霉素与胃肠刺激 服用红霉素会偶发过敏，过敏时全身瘙痒，皮肤出现斑疹、丘疹，严重者出现疱疹等。最常见的不良反应是胃肠反应，如恶心、呕吐、腹痛、腹泻等，但饭后服药可减少胃肠道反应。

红霉素丙酸酯可引起胆囊、胆管、肝管内胆汁淤积而致胆汁性肝损害和黄疸，并有直接肝毒性反应而发生肝细胞炎症，因此，红霉素禁用于肝胆发育不全的小儿或肾病而致的排泄功能障碍者、孕妇、哺乳期妇女、肝脏病患者。

由于红霉素难溶于水，注射剂往往应用葡萄糖溶液以防沉淀，但红霉素葡萄糖溶液对血管有刺激，长时期在同一血管穿刺注射，静脉血管内膜细胞受破坏而脱落，血管壁纤维硬化，因此不能给静脉炎患者注射红霉素制剂，也要避免长时间多次在同一静脉血管做

红霉素静脉注射。

四环素与"四环素牙" 四环素类抗生素一般毒性较低，在临床上有恶心、呕吐、上腹不适、胃肠充气、腹泻等周围肠道反应，偶尔有药物热和皮疹等过敏反应。

它最大的不良反应是"四环素牙"。在牙齿发育的矿化期服用四环素，四环素分子可与牙体组织内的钙结合，形成极稳定的螯合物，沉积于牙体组织中，使牙着色，导致釉质发育不全。着色牙齿最初呈黄色，在阳光照射下呈现黄色荧光，以后颜色逐渐加深，并在较长的时间内保持黄色。我国在20世纪70～80年代曾广泛使用四环类抗生素，许多那个时代的儿童都有"四环素牙"，而且颜色很难在日后去除。虽然对于身体健康没有过多伤害，但也可以算是抗生素时代进程的一个烙印了。

喹诺酮类抗菌药物与软骨发育障碍 喹诺酮类抗菌药物会产生过敏反应，对消化道系统、肾脏、肝脏、中枢神经有损害，但发生率较低。

严重的不良反应是这类药物容易被软骨组织吸收，沉积于骨髓中，直接毒害软骨细胞的发育，影响儿童和胎儿的骨骼发育。因此，孕妇、哺乳期妇女和12岁以下的儿童禁止使用。成人长期使用也会出现关节肿块、僵硬及活动受限等关节病变。

少数喹诺酮类药物（如洛美沙星）有光敏反应特点，即这些药物见光后会发生化学反应而产生有毒性的物质。服药后即使无阳光直接照射也可发生，在阳光下更为严重。故药师应提醒用药的患者，服药后应避免日晒，也不要接受人工紫外线的照射。

第五章
一场旷日持久
的拉锯战

导读

自古以来，人类发现和发明了众多令人惊叹的"消灭敌人的外源兵力"，他们发挥着各自的"精湛技能"，"各路包抄"追杀病原菌。然而，病原菌真是"聪明"的生灵。它们面对一支支的"利矛"、一把把的"锋剑"，"绞尽脑汁"想出一招又一招耐药"把戏"。它们或是巧妙地"伪装自己"，或是释放大量的"烈性炸药"将对方炸死。这可谓是一场旷日持久的拉锯战。

药物追杀细菌的"战略战术"

知己知彼　百战不殆

也许你去过许多古城，见过各种奇观。但是，你到过细菌"城堡"吗？经过数亿年的进化，在这座精巧的生命之城里，听不到隆隆的马达声，看不见飞转的车轮，一切都在安静、有序、高效地运行着……

知己知彼，百战不殆。细菌城堡的构造是怎样的？细菌城堡是如何运转的？

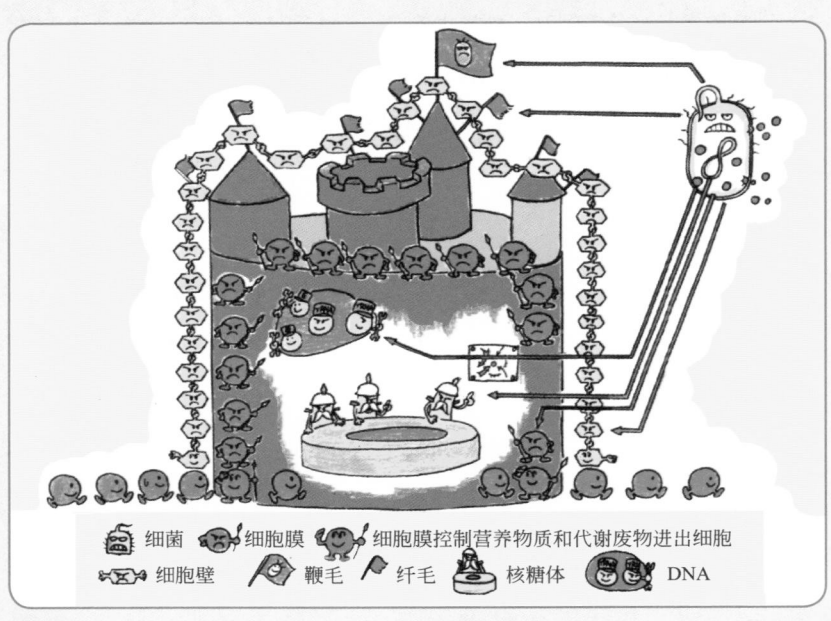

图5-1　细菌城堡

　　在第一章揭秘细菌中，我们把细菌比喻成鸡蛋，已经了解了细菌的基本结构。在这里我们把细菌比喻为一个城堡（图5-1），来介绍它是如何工作和抵御抗菌药物攻击的。细菌外围的细胞壁具有固定细胞外形和保护细胞的功能，它如同坚固的城墙；紧贴细胞壁内侧的细胞膜控制着营养物质的吸收和代谢产物的合成和分泌，它是城堡中的咽喉要道；中心核区中的DNA是细菌最主要的遗传物质，它像城堡中的司令部，决策和指令通过一环接一环的传递而有效地执行，使城堡的一切工作正常运转，即细菌进行正常的生长和繁殖。

　　在细菌城堡的运转中，蛋白质是生命结构和代谢活动的重要物质，可它的合成要接收来自DNA的遗传信息。DNA链中每3个核苷酸组成一个密码子来决定一个氨基酸，氨基酸按一定顺序连接而成蛋白质。蛋白质的初始阶段就像一列火车，每一个氨基酸就像是一节车厢，这就是蛋白质的"一级结构"，但是这样的列车往往是没有功能的，它必须经过空间的折叠才能够发挥各种各样的作用。通过不同空间折叠后的蛋白质结构被称为"高级结构"。蛋白质合成一旦被阻止，细菌就不能正常进行生命活动，也就失去了生存和繁殖的能力。那么，司令部的指令是如何传送并指挥蛋白质合成的呢？

　　指令发出的第一步是在把DNA上的信息抄录成一份"密件"，即DNA双链首先拆开，以其中一条链为模板合成RNA，这个合成的过程称为转录。转录后的RNA分为三种。带有合成蛋白质全部信息的RNA称为信使RNA（mRNA），即它具有信使的作用。第二种RNA是核糖体RNA（rRNA），它和某些特定的蛋白质组装成一个个小颗粒，称为"核糖体"。蛋白质都是在这个小颗粒里合成的，因此可以说核糖体是细胞中合成蛋白质的"加工厂"。要把

mRNA翻译成蛋白质，还需要一个运输员，即转运RNA（tRNA）。它身兼两份工作，一是起"翻译员"的作用，必须识别mRNA上的文字——遗传密码，并把之翻译成氨基酸，二是起"搬运工"的作用，寻找特定的氨基酸并领着特定的氨基酸到核糖体那里与mRNA"对号入座"。然后在其他一些"能工巧匠"——酶的帮助下把氨基酸一个一个连接起来。DNA上遗传信息的传递遵循这样一条规则，DNA先转录成mRNA，在rRNA和tRNA的参与下，将信息再翻译成蛋白质。这就是遗传学中的"中心法则"。图5-2描述了一个"细菌司令部"的指令是如何传送并指挥蛋白质合成的过程。

最坚固的城堡也并非无懈可击，如果细菌城堡的防御工事（细胞壁、细胞膜）被攻陷，如果细菌司令部发出的指令及传递（DNA的复制、RNA的转录、蛋白质的翻译）被破坏或遭沉重打击，那么细菌城堡也会被瓦解而毁灭。自从弗莱明发现青霉素以来，科学家已经研究出了不同种类的抗菌药物。它们作用于细菌细胞的不同部位，抑制细菌的生长，甚至杀死细菌。

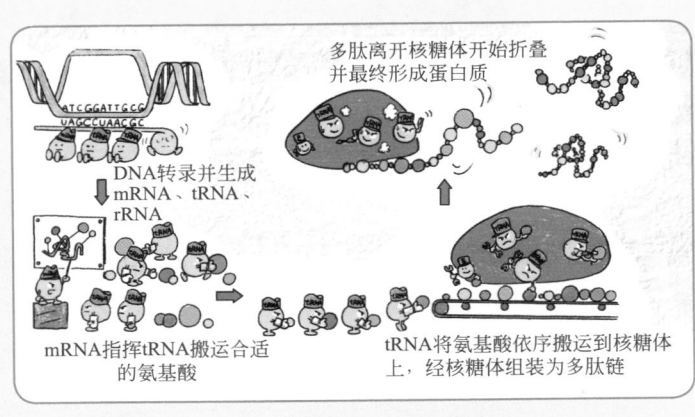

图5-2 "细菌司令部"的指令传送并指挥蛋白质合成的过程

攻克细菌的"城墙"

作为细菌城墙的细胞壁是细菌城堡重要的组成部分，由众多的能工巧匠（酶）把各种砖石（其中最重要的是肽聚糖）夯实垒砌而成。

一种被称为"青霉素结合蛋白（PBP）"的工匠是构筑细菌城墙的关键人物。如果能捕捉这个关键人物，使其不能发挥作用，那么城墙的建造就受到阻碍，导致城墙缺损。对细菌来说，由于细胞内部含各种物质而渗透压较高，水分会内渗，细胞肿胀如充足了气的气球，其表面一旦出现小孔，里面的内容物便迫不及待地喷涌而出，只剩下泄了气的空壳一个。这就是所谓的溶菌作用，细菌细胞溶解而死亡。青霉素类抗生素就是通过抑制细菌细胞壁的合成这种方法，来抑制细菌的生长而消灭细菌的（图5-3）。

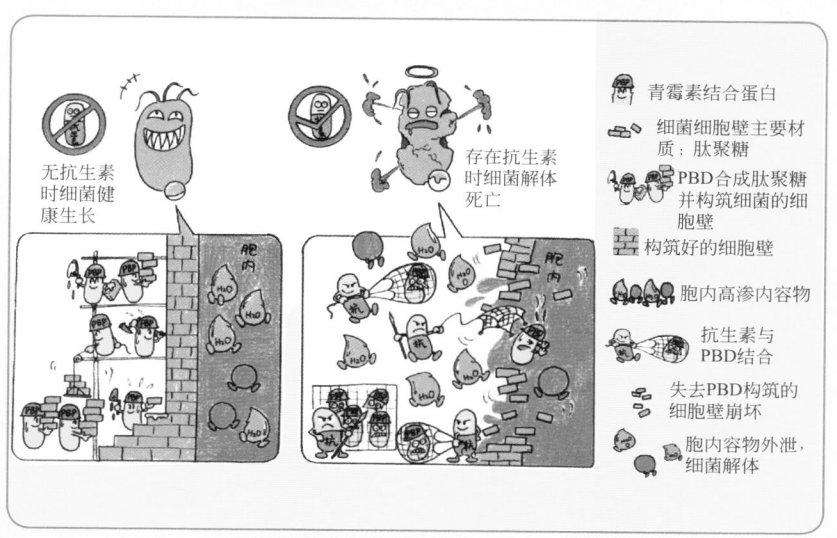

图5-3 青霉素类抗生素导致细菌死亡的机制

在这种攻城战术中，我们需要注意的是：①攻城时间要恰当。青霉素对生长旺盛的细菌作用强，对静止状态下的细菌作用弱或无效，因为前者需要不断合成新的细胞壁，而后者已经合成的细胞壁不受青霉素的影响。②城墙的结构要单一。如果城墙外挖掘了壕沟，如革兰阴性菌的细胞壁具有外膜层的构造，那么捕捉关键人物的难度增加，杀菌的威力大大降低。

扼住细菌的"咽喉要道"

细胞膜可谓是细菌城堡的咽喉要道，镇守着各种精锐部队——蛋白质和酶，有的起防卫作用，维持细胞内外正常的渗透压；有的负责控制吸收细胞外的营养物质，运送新陈代谢的产物；有的合成细胞壁的各种原材料；有的为细胞活动提供能量。

攻破细胞膜这个阵地的战术有几种。

抗菌药物突击队，如达托霉素、多黏菌素和短杆菌素等，在细菌细胞膜上"打孔"，形成离子通道，致使细胞内容物向胞外泄漏。所泄漏的物质种类与抗生素的性质、浓度及作用时间有关，如钾离子、无机磷、有机磷、氨基酸、核酸、蛋白质等，这对细胞具有致命的作用，如图5-4所示。

组成细菌细胞膜的主要物质是脂溶性的。如果突击队——抗菌药物和细胞膜具有相似的脂溶特点，那么它们就如穿了迷彩服一样，能轻易穿过细胞膜的磷脂双层，直接到达靶点发挥药效。

抗菌药物与细胞膜相互作用，或是通过像"地毯"一样覆盖在细菌细胞膜上，破坏细胞膜的功能。

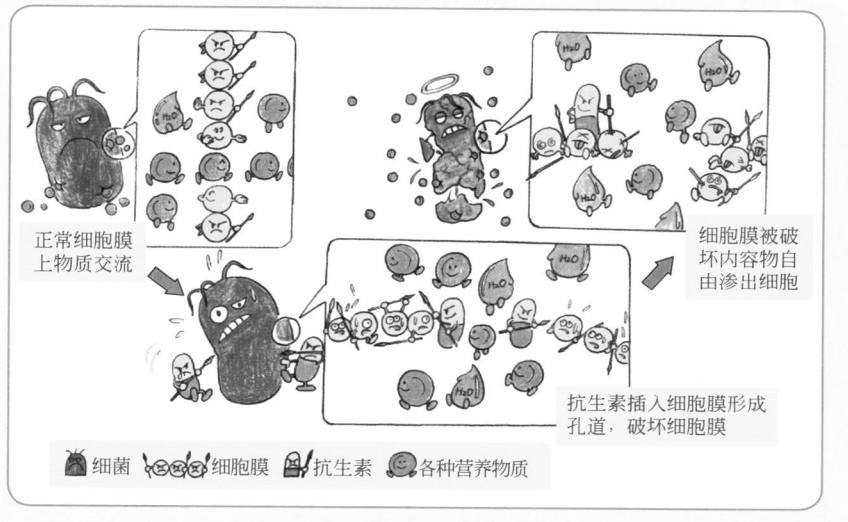

正常细胞膜上物质交流

细胞膜被破坏内容物自由渗出细胞

抗生素插入细胞膜形成孔道，破坏细胞膜

细菌 细胞膜 抗生素 各种营养物质

图5-4 抗生素破坏细菌细胞膜后胞内物质向外泄漏

占领细菌的"司令部"

细菌细胞中的DNA是细胞结构和生命活动的根本，可以理解为细菌城堡的司令部。DNA是由4种不同的核苷酸通过不同的排列组合而成的两条螺旋形长链，称为双螺旋。细菌分裂繁殖时，DNA通过复制的方式把亲代的所有遗传信息传递给后代（图5-5）。

DNA复制需要众多"能工巧匠"（即各种酶和有关的蛋白质因子等）的参与，被称为DNA拓扑酶的能工巧匠负责改变DNA双螺旋（或超螺旋）的空间结构，以利于双链的解开。而被称为DNA解旋酶的能工巧匠将双链解开，以作为新的DNA链复制的模板。首先双螺旋逐渐解开，以每条亲代的母链为模板，合成一条与它互补的子链。这就如同仿造楼梯一样，先把两扶手拆开作模板，用原料按模板原样各造一条扶手，然后配成两条双扶手螺旋形楼梯。

179

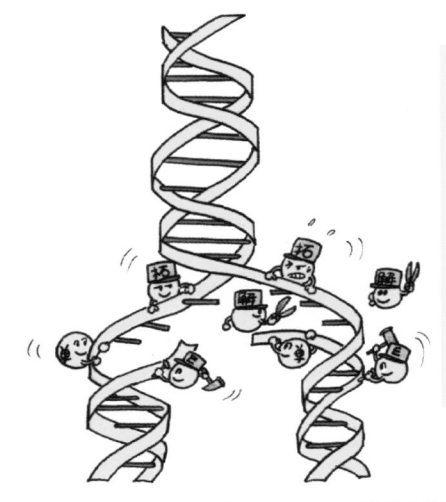

图 5-5　DNA 的复制过程

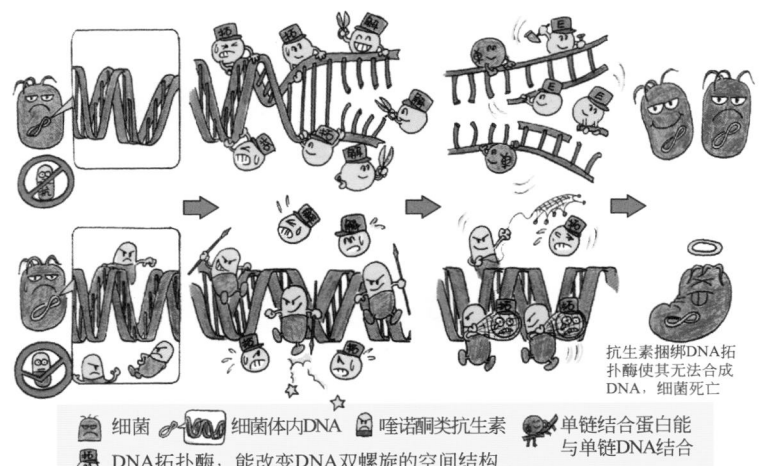

图 5-6　抗生素抑制 DNA 螺旋酶和拓扑异构酶的作用模式

DNA就是按照这种方式一份一份地复制，从而保证了父辈的密码准确无误地传给子代。

喹诺酮类抗生素，如萘啶酸、吡咯酸、吡哌酸，通过抑制细菌DNA螺旋酶或拓扑异构酶，阻碍DNA复制而导致细菌死亡（图5-6）。甲硝唑的抗菌机制也是通过抑制DNA的复制来起作用的。

破坏"密令"的抄录

储藏有所有密令的双链DNA首先通过解旋酶等将其解开，也即使密令能够让"情报员"看到，然后将密令转录传递到信使RNA，接着由信使RNA指挥下面的一系列"工作"——合成蛋白质。参与这一工作的主要成员是RNA多聚酶，它犹如一个个"情报员"。

利福霉素类抗生素就是通过与RNA聚合酶相结合，即把这个"情报员"紧紧地捆绑后，阻止DNA密令的传递，这样RNA的合成被阻止。在利福霉素分子的结构中有多个捆绑"情报员"位点，因此它具有很强的结合力。如利福霉素类抗生素能与结核分枝杆菌的RNA聚合酶之间产生犹如两块磁铁之间的相互作用力，形成稳定的复合物，抑制该酶的活性，阻断RNA合成中的链起始，导致RNA合成的抑制。图5-7为利福霉素类抗生素破坏DNA密令的抄录过程。

伏击蛋白质"加工厂"

细菌蛋白质的合成是在一种被称为核糖体的地方进行的。组成蛋白质的每一个氨基酸都是在这里被一个一个地连接起来，然后再通过一系列的加工形成具有功能的蛋白质。因此，核糖体也可以被认为是细菌蛋白质的加工厂。

DNA解旋酶拆开DNA双螺旋，RNA聚合酶以拆开的DNA单链为模板合成RNA链，并组成mRNA，参与合成蛋白质　　　　　　　　　　　　　　　　　　　　细菌正常

利福霉素与RNA聚合酶结合，抑制酶活性，RNA合成中断　细菌死亡

🦠DNA解旋酶　🧬RNA聚合酶　碱基　信使RNA　转运RNA　核糖体　利福霉素

图5-7　利福霉素类抗生素破坏DNA密令的抄录过程

在消灭敌人的歼灭战中，不仅有强攻，更有智取。临床上应用的很多抗生素都是通过伏击蛋白质加工厂的战术来抑制细菌生长的，如链霉素、庆大霉素、氯霉素、红霉素、四环素、林可霉素，以及磺胺类抗菌药物等。但是，在伏击蛋白质加工厂的作战过程中，不同的抗生素采用不同的战术来达到目的。下面简要讲述几种比较经典的作战方略。

围攻蛋白质的合成　接受了密令的mRNA（信使RNA）上存在着一组决定蛋白质合成的密码子，在翻译员兼搬运工的tRNA（转运RNA）的帮助下，在加工厂rRNA（核糖体RNA）合成蛋白质，这个过程称为蛋白质的翻译。

红霉素和四环素等很多抗生素正是一类非常有效的蛋白质合成抑制剂。它们作用于核糖体捕捉负责运送氨基酸的"关键人物"——肽酰转移酶，使氨基酸不能像正常的车厢挂接到列车上去，

182

从而导致蛋白质合成中断。这就像组装一列火车时车厢不能正常地挂接到车头上。由于阻碍了蛋白质的合成，细菌必要的生命活动被中断，从而抑制了细菌的生长。

链霉素进入细菌细胞后，通过破坏翻译校读过程造成密码错读，从而阻止蛋白质合成的正确起始，或干扰新生链的延长，合成异常蛋白质。而异常蛋白质插入细胞膜后，又导致通透性改变，促进更多氨基糖苷类药物的转运。或者异常蛋白质不能行使正常的功能影响细菌的代谢，最终导致细胞死亡，如图5-8所示。

核糖体组装氨基酸，肽酰转移酶合成多肽链　　多肽链折叠为蛋白质　　细菌正常生长繁殖

链霉素捕捉肽酰转移酶　　氨基酸无法组装成多肽链　　蛋白质合成中断，细菌死亡

搬运氨基酸的tRNA　　rRNA等组成的核糖体　　肽酰转移酶　　链霉素　　氨基酸

图5-8　链霉素类抗生素围攻蛋白质的合成

破坏蛋白质加工厂的建设　完整的细菌蛋白质加工厂需要有一个30S核糖体亚基和一个50S核糖体亚基装配成为一个70S大核糖体后，才能进行蛋白质的加工制造。利奈唑酮类的新抗菌药物，就是通过阻止70S大核糖体的建设，从而抑制细菌蛋白质的合成。

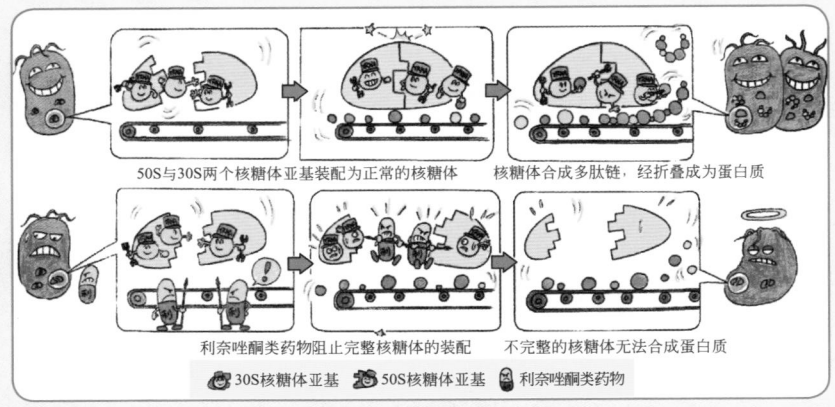

50S与30S两个核糖体亚基装配为正常的核糖体　　核糖体合成多肽链，经折叠成为蛋白质

利奈唑酮类药物阻止完整核糖体的装配　　不完整的核糖体无法合成蛋白质

🦠 30S核糖体亚基　🦠 50S核糖体亚基　💊 利奈唑酮类药物

图5-9　抗菌药物利奈唑胺破坏蛋白质加工厂的建设

图5-9为50S核糖体亚基与30S核糖体亚基在抗菌药物利奈唑胺的存在下就不能装配成正常的蛋白质加工厂。

伪装成细菌必需的"粮草"

叶酸是一切生命过程所必需的一种重要物质。在生物体内是合成辅酶F的"粮草"，辅酶F为DNA合成中所必需的嘌呤、嘧啶碱基的合成原料。人体可以通过食物来摄取叶酸，而细菌不能利用外界的叶酸，必须自己从头合成。在叶酸的合成过程中，有多个"搬运工"即叶酸合成酶的参与。在正常的情况下，这些搬运工能够在细胞内，即"粮草车"中搬运到合成叶酸所必需的"粮草"。

磺胺类药物（对氨基苯磺酰胺）就是把自己"打扮"成与合成叶酸的"粮草"（对氨基苯甲酸）非常相似，所以在有这类药物存在的情况下，这些细菌细胞内的"搬运工"就会不分青红皂白地去搬运磺胺类药物而不再去搬运真正的"粮草"——对氨基苯甲酸了。这样，叶酸的合成停止，细菌也就无法生存和繁殖了（图5-10）。

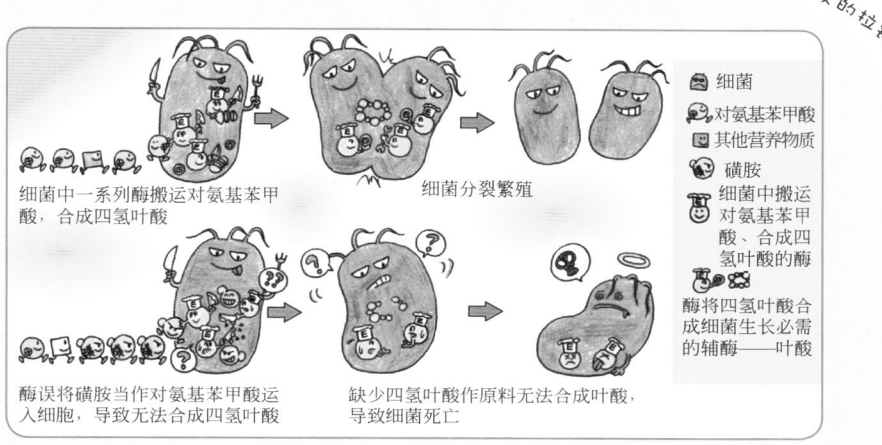

图5-10 伪装成细菌必需"粮草"的磺胺类药物

总之，各类抗生素虽然对细菌的作用机制不尽相同，但都是干扰或阻碍其生长、繁殖而达到其杀菌或抑菌效果的。

抗生素如何对抗细菌

细菌对药物的抵抗与反击——耐药性

大千世界，芸芸众生，自然界的发展遵循着一条亘古不变的原则，那就是"有矛必有盾"。同样，在人与细菌的这场无休止的大

战中也不可避免地遵循着这条规律。这个规律就是人们在想尽办法开发更新更有效的杀菌武器——抗菌药物，而细菌也在不断地锻炼自己的"身体"，兼容并包，制造出更新更出色的"盾"来抵抗人类发明的新式武器。真可谓道高一尺，魔高一丈。在这场殊死的战争中，当人类为发明一种新的抗生素感到有"高一尺"的"矛"的时候，细菌已经开始制造"高一丈"的"盾"，也即细菌的耐药性正在前所未有地威胁着人类的生命健康。那些在临床上难以杀灭的耐药菌也被称为"超级细菌"。

耐药细菌的发生和发展

磺胺类药物、青霉素的发现以及随后一系列抗生素的发现和应用，使临床细菌感染性疾病得到有效控制，并使人类的平均寿命延长了15～20年。但是，细菌耐药性的发展与抗菌药物的临床应用形影不离、相伴相随，而且细菌耐药的速度越来越快，耐药的程度越来越重，耐药的种类越来越多，耐药的频率越来越高。数据表明，20世纪50～60年代2万～3万单位青霉素就能制服的细菌，现在需用几十万、几百万单位。葡萄球菌、肠道革兰阳性杆菌、结核杆菌、痢疾杆菌等之所以长久地肆虐侵犯人类，就是其"盾"不断增强的结果。

1940年，青霉素刚开始投入临床时能杀死所有的金黄色葡萄球菌（简称金葡菌）。1942年出现了对青霉素耐药的金葡菌。1944年科学家从耐青霉素的金葡菌中找到了导致耐药性的罪魁祸首——青霉素酶（能够破坏青霉素，也称为 β - 内酰胺酶）。1947年发现第一例临床耐药菌。由于青霉素在刚刚使用的几年里发挥了神奇的效果，医院内大量使用青霉素，20世纪50年代中期以后耐药菌传播严重，葡萄球菌对青霉素的耐药率超过90%。

为了解决细菌对青霉素的耐药问题，科学家开始研究开发抗青霉素酶的半合成青霉素。1960年，一种青霉素酶不能水解的半合成青霉素甲氧西林问世并投入临床使用。但是不久又出现了耐甲氧西林金葡菌（MRSA）。

糖肽类抗生素万古霉素在临床上通常被用作经 β - 内酰胺类抗生素或其他抗菌药物治疗无效后才使用的最后手段，故也被认为是抗菌药物的最后一道防线和"王牌抗生素"。然而2002年7月美国密歇根州一位患者的伤口处发现了世界上第一例耐万古霉素金黄色葡萄球菌（VRSA）。对于这种"超级细菌"，目前临床上还没有非常有效的药物来对付。

20世纪60年代为开发抗生素的高峰，此后新抗生素的发现速度放慢，但是耐药菌的种类及耐药机制一直在变换，甚至出现了能对几种抗生素同时产生耐药性的多重耐药菌。2014年4月，世界卫生组织（WHO）发布报告："细菌耐药性问题正在世界上的每个地区发生，并有潜力影响任何年龄的任何人。当细菌发生改变时，抗生素对治疗感染无效，这成为公众健康的主要威胁。"2017年2月WHO在日内瓦发布了首份耐药细菌"重点病原体"清单，列出了对人类健康构成最大威胁的12种耐药菌，其中极为重要耐药菌3种、十分重要耐药菌6种，中等重要对药菌3种。

细菌在与抗菌药物斗争的过程中进化出来的一套躲避药物攻击，或直接抵抗药物的"战略战术"，这就是细菌的耐药性！人们对抗菌药物的过分依赖和滥用又对耐药菌的发展起着推波助澜的作用，它选择性地保留了耐药菌，并使原本少数的耐药菌发展成为优势菌。细菌产生耐药性符合优胜劣汰、适者生存的自然规律。

滥用抗生素是导致细菌耐药性的罪魁祸首

宇宙间的万物无不处在变化之中，变是永恒的，不变是暂时的。达尔文的进化论从宏观上阐明了一切生物遵循缓慢进化、适者生存的道理，但没有说明主宰进化的本质是什么。现在的科学研究结果已经能够明确地回答这个问题——主宰生物进化的本质是遗传物质DNA，是定位在DNA上能够决定生物"性状"的基因，基因的变异是使生物发生改变的本质。

自然界的进化是缓慢的。据估计，自然条件下在100万～1亿个细菌中，只有一个细菌有可能因为基因的变异而成为耐药细菌。也就是说，在一般情况下，它犹如大海里的一滴水、粮仓的一粒米，是难以"兴风作浪"的。2016年，美国纽约大学的科学家通过"最大深度测序"新技术发现，当大肠杆菌暴露于不足以杀死细菌的氨苄青霉素和诺氟沙星的剂量时，大肠杆菌基因组中某些区域突变率比平均突变率提高10倍。因此，当人们发现了抗生素具有抗菌作用并为不断征服细菌感染而欣喜若狂时，由于自觉或不自觉地滥用，情况就发生了改变，悲剧开始酿成：大量的敏感细菌被杀死，耐药细菌开始大量地繁殖。特别值得注意的是，当人们发现很多抗生素对动物生长具有促进作用而作为"科研成就"迅速应用于饲料添加剂，为此获得了巨大的经济效益时，悲剧已经开始加剧；此外，抗生素在农作物上滥用是目前造成细菌耐药性泛滥的又一"罪魁祸首"。

那么为什么说滥用抗生素是导致细菌耐药性的罪魁祸首呢？以下的科学发

抗生素使用弊端

现能够有力地证明。

一是：临床长期大量使用抗生素对细菌产生巨大的选择压力，大量的敏感细菌被杀死后使那些原来只占极小比例的耐药菌迅速繁殖。

在没有抗生素使用的情况下，从敏感细菌自发地变为耐药细菌的频率只有亿分之一到百万分之一之间。在这种情况下，耐药细菌是没有"市场"的，它们被掩盖在敏感细菌中间。因此，这些一小撮"敌人"对我们机体不会造成致命的伤害。而在抗生素使用的情况下，由于敏感菌突变成耐药菌的比例增加，而且大量的敏感细菌被杀死后，这一小撮"敌人"就趁机大肆繁殖，最终当我们再使用同样的抗生素时就显得无能为力了（图5-11）。因此，抗生素的使用原则并不是量愈大愈好，也不是使用时间愈长愈好，否则在人体内就会增加大量繁殖耐药菌的可能性。

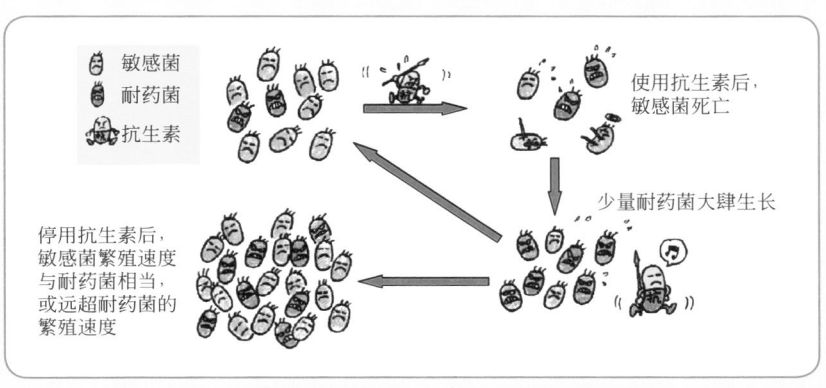

图5-11　在抗生素选择压力下耐药细菌开始大量繁殖

另外，大量抗生素被用于农作物以及抗生素作为"动物生长促进剂"被大量使用，同样对细菌产生巨大的选择压力，造成人畜细

菌的交叉耐药性，增加了耐药细菌在食物与人之间的传播。动物很可能是一个蓄积耐药细菌并向人体传递耐药细菌的储蓄库。2006年11月17日，上海沪西水产市场发出通知，要求即日停止销售多宝鱼，原因是"市场上所销售的多宝鱼，全部不同程度地被检验出含有硝基呋喃类代谢物、环丙沙星、孔雀石绿及土霉素等药物"。再则，生产企业在制造过程中产生的含有少量残留抗生素的废弃物，以及医院临床使用后的残留抗生素被释放至环境，也是一个造成细菌耐药性泛滥和传播的重要原因。

如图5-12所示为残留抗生素进入动物、植物、人体以及环境后，在选择压力下造成细菌耐药性发展的生物链。因此，今天我们一方面在餐桌上享受着美味佳肴，另一方面我们在食入这些食品的同时残留抗生素进入了我们的体内。欧盟和美国很多发达国家已经开始禁止抗生素作为动物生长促进剂使用。我国虽然也有很多相关

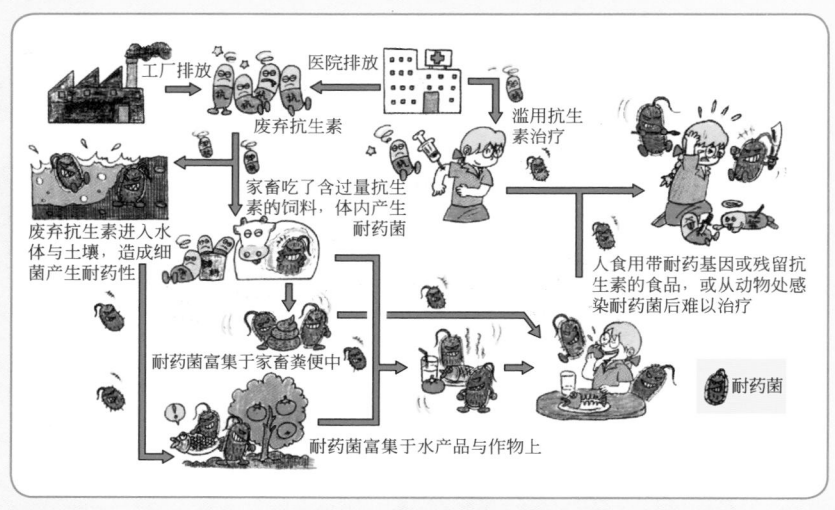

图5-12　残留抗生素造成细菌耐药性发展的生物链

的规定，但饲养单位以及抗生素生产企业等的违法行为时有发生，因此必须引起注意。

二是：抗生素可以从以下几个方面诱导细菌产生耐药性。

第一，科学研究发现，滥用抗生素还能够把原来那些"沉默"的耐药基因诱导出来，使原本隐藏的"狰狞本质"毫无顾忌地显现出来。一个典型例子是细菌对红霉素产生耐药性的机制：细菌能够产生一种被称为红霉素甲基化酶的"搬运工"，它能够把一个化学基团（—CH$_3$）搬运到红霉素作用靶位核糖体上，使红霉素失去了捆绑核糖体的能力。但是，在没有红霉素存在的情况下，制造红霉素甲基化酶的基因是"沉默"的，也即这个"搬运工"是不存在的。而当红霉素存在时，这个沉默的基因就会被启动表达，从而就在细菌细胞中制造出很多红霉素甲基化酶的"搬运工"来，如图5-13所示。

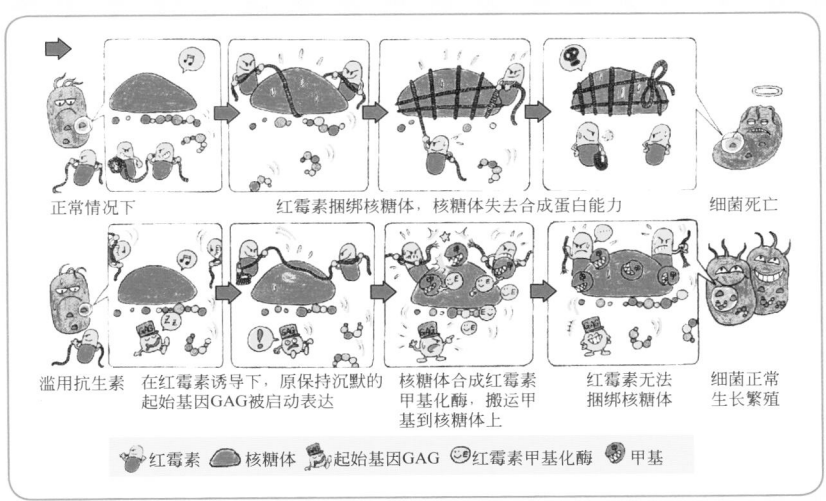

图5-13　原来沉默的产生红霉素耐药的甲基化酶基因的诱导过程

第二，科学家发现抗生素诱导细菌产生耐药性的另外一个机制是诱导细菌产生SOS反应。SOS反应是细菌细胞的一种易错修复机制，即当抗生素作用于细菌细胞时，细胞的很多正常代谢和合成被抑制或出错。但是，如果细胞内的SOS系统被激活的话，则能够修复这些错误的行为而降低细菌死亡率，使细菌正常生长和繁殖。某些抗生素如丝裂菌素C和喹诺酮能在大肠杆菌中诱发SOS反应。

第三，科学家还发现了一种抗生素可以诱导细菌产生耐药性的非常重要的机制，即能够诱导细菌感受态细胞产生的机制。所谓感受态细胞就是指容易吸收外源物质的细胞。实验证明，将携带链霉素耐受基因的DNA片段加入到肺炎链球菌培养物中，同时加入一定剂量（625纳克/毫升，链霉素必须适量以避免导致菌体大规模死亡）的链霉素，并用无链霉素添加的培养物作为对照。结果显示，在链霉素处理过的培养物中出现了耐药细菌，而对照实验中则没有出现耐受，因此可以确定链霉素诱发的感受态细胞能够有效地吸收外源耐药性DNA整合到原来敏感的细菌中，使其产生耐药性。丝裂菌素C也能够诱导肺炎链球菌产生感受态，使正常细胞转变为感受态细胞，从而促进细胞内部的转化作用。

这一科学发现提示我们，即使那些耐药细菌在抗生素的"狂轰滥炸"下被杀死了，但它由于细菌死亡而释放到环境中的耐药基因仍然可以被敏感细菌的感受态细胞吸收，而使敏感细菌演变为耐药细菌。因此，细菌耐药性的传播，其罪魁祸首是人类滥用抗生素，由此带来的危害无处不在：残留抗生素在动物、植物与人体之间的循环，耐药细菌在三者之间的循环，以及耐药基因片段在三者之间的循环都要引起人们的高度重视。图5-14为带有耐药基因的片段被感受态细菌吸收的过程。

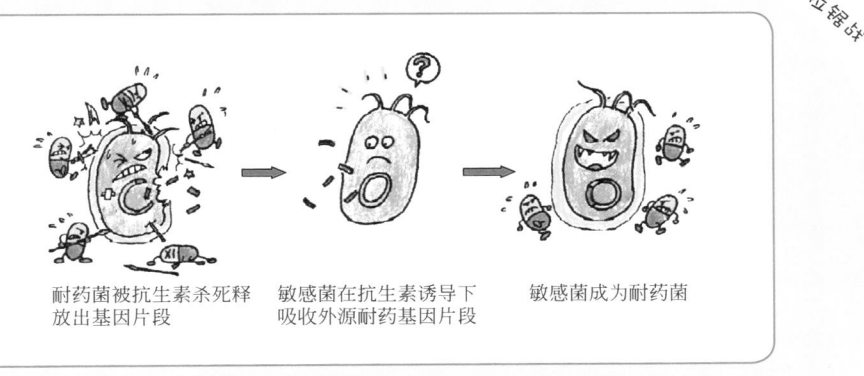

耐药菌被抗生素杀死释放出基因片段　　敏感菌在抗生素诱导下吸收外源耐药基因片段　　敏感菌成为耐药菌

图5-14　带有耐药基因的DNA片段被感受态细菌吸收的过程

　　科学家的最新研究发现，大多数细菌在抗生素存在的情况下都会被杀灭，但是极少数的耐药细菌依然能够存活。这些存活的耐药菌依然能够产生一种被称为吲哚的化学物质，这种化学物质能够协助敏感菌抵御抗生素的作用，从而使整个细菌群体变得更加耐药。这种现象有点类似于少数强者（耐药菌）对大多数弱者（敏感菌）的一种慈善作用，使得整个细菌群体具有更强的耐抗生素生存能力，如图5-15所示。

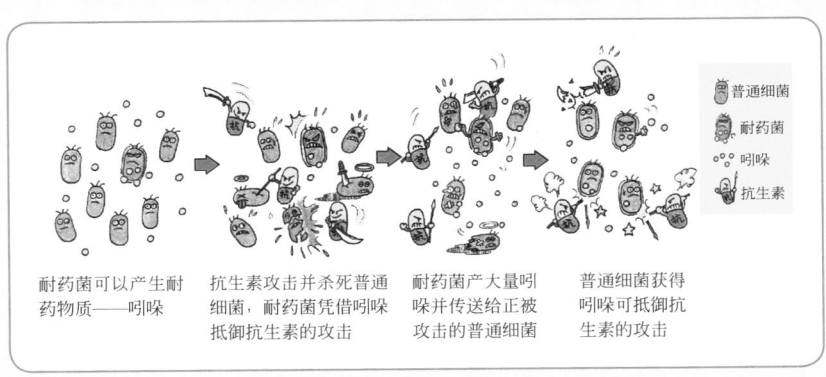

普通细菌
耐药菌
吲哚
抗生素

耐药菌可以产生耐药物质——吲哚　　抗生素攻击并杀死普通细菌，耐药菌凭借吲哚抵御抗生素的攻击　　耐药菌产生大量吲哚并传送给正被攻击的普通细菌　　普通细菌获得吲哚可抵御抗生素的攻击

图5-15　耐药细菌协助敏感细菌抵御抗生素的作用

"移花接木"催生"超级细菌"

我们知道除了耐药细菌本身能够自我不断繁殖和扩散外，另外一个造成产生大量"超级细菌"的原因是一些本来对抗生素敏感的细菌，可以通过"移花接木"般的技巧从耐药细菌那里获得耐药基因，改进自己对付抗生素的装备。那么，究竟谁是"移花接木"的始作俑者呢？科学研究表明是携带有耐药基因的运载体——质粒，以及会"跳舞"的基因——转座子。

质粒是一种能自主复制的染色体以外的双链环状DNA，携有遗传信息，控制非细菌存活所必需的某些特定性状。细菌的质粒具有自我复制、传给子代、几个质粒可共存于一个菌体、可自然丢失的特性。质粒的另外一个重要特征是它像运载体，能够将装载的耐药基因运送到其他本来对抗生素敏感的细菌中，并让它不断地繁殖并在细菌间播散。在细菌中已经发现的R质粒带有耐药基因，可控制细菌产生灭活药物的酶，或降低细胞膜对药物的通透性。图5-16为敏感菌通过携带有耐药基因的质粒转移获得耐药性的过程。

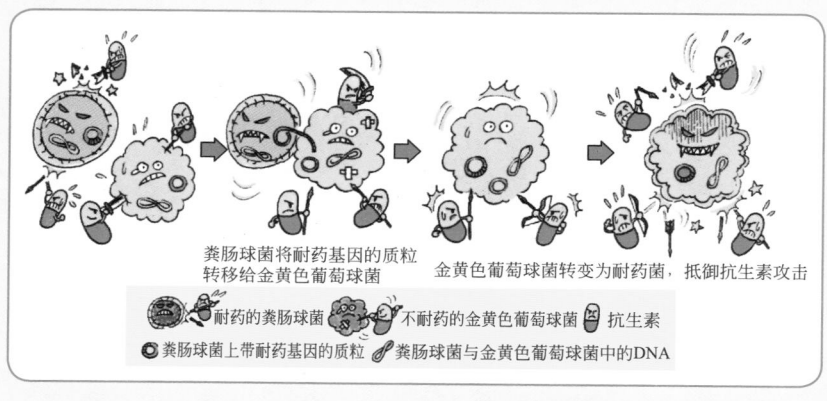

图5-16　敏感菌通过携带有耐药基因的质粒转移获得耐药性的过程

194

　　通过以上过程，原来对抗生素敏感的金黄色葡萄球菌，由于从对抗生素耐药的粪肠球菌中获得了携带有耐药基因的质粒片段，使其变为对抗生素耐药的金黄色葡萄球菌。

　　转座子是一种能够"跳跃的基因"。这种会"跳舞"的基因首先由美国康奈尔大学的巴巴拉·麦克林托克（Barbara McClintock，1902—1992，图5-17）发现。麦克林托克在研究玉米时，发现一个很奇怪的遗传行为，一种可以改变玉米颜色的变异基因似乎可以从一个细胞传至另一个细胞，而且当一个细胞获得这个基因时，另一个细胞就失去了这个基因（图5-17）。她用6年的时间研究这个奇怪的遗传行为，并于1951年在美国冷泉港的学术会议上第一次正式宣读其研究成果。但可惜的是，如此伟大的研究成果没有被学术界肯定和接受，取而代之的是嘲弄与忽视。一直到20世纪70年代，科学家可以将不同种生物体内的这种可移动性基因分离鉴定后才被肯定。因此，1983年在她81岁高龄时获得了诺贝尔生理学或医学奖。

图5-17　Barbara McClintock 和"跳跃的基因"引起的玉米颜色变化

目前，在很多耐药细菌中发现了带有耐药基因的转座子（Tn），并证实Tn很容易从细菌染色体转座到一些运载体上（如质粒）。因此，Tn可以很快地传播到其他细菌细胞，这是自然界中催生细菌产生耐药性的重要原因之一。

在我们了解了细菌获得耐药性的原因之后，下面我们来看看这些耐药菌是通过怎样的战略战术来抵御抗生素的追杀的。

超级细菌的秘密武器与人类锋利的"刀"

战略战术之一——改变构建细菌"城墙"的材料

有一种参与构建正常细菌"城墙"（细胞壁）的材料是两个连接在一起的丙氨酸，其英文的缩写为D-Ala-D-Ala。目前临床上使用的对付耐药菌感染的"王牌抗生素"——万古霉素，就是通过5根"绳索"（分子之间的氢键）来捆绑这种细菌细胞壁材料，破坏细菌"城墙"的构建，最后达到抗菌的作用。

但是，那些对于万古霉素产生耐药性的细菌，它在耐药基因的指挥下，能够制备一种结构上不同于构建敏感细菌细胞壁的"城墙"材料——把两个丙氨酸中的一个变为乳酸（D-Ala-Lac），或是变为丝氨酸，或是直接去掉一个丙氨酸。这样一来，万古霉素捆绑"城墙"材料的5根绳索中的1根就失去了作用，因而不能有效地捆绑，致使这些材料能够容易地构筑"城墙"而使细菌得以正常生长和繁殖。如图5-18所示，耐药菌改变细胞壁材质使万古霉素无法正常捆绑细胞壁而失去作用。

对付超级细菌的药物

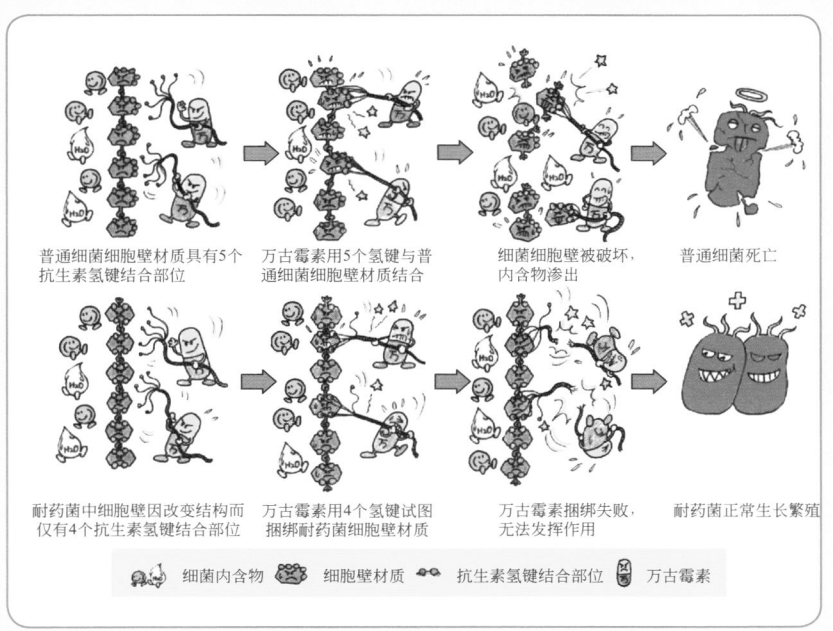

普通细菌细胞壁材质具有5个抗生素氢键结合部位　万古霉素用5个氢键与普通细菌细胞壁材质结合　细菌细胞壁被破坏，内含物渗出　普通细菌死亡

耐药菌中细胞壁因改变结构而仅有4个抗生素氢键结合部位　万古霉素用4个氢键试图捆绑耐药菌细胞壁材质　万古霉素捆绑失败，无法发挥作用　耐药菌正常生长繁殖

细菌内含物　细胞壁材质　抗生素氢键结合部位　万古霉素

图5-18　耐药菌改变细胞壁材质使万古霉素无法正常捆绑而导致细胞壁继续合成

战略战术之二——培养新的城墙"建筑师"

在构建细菌"城墙"的过程中，一种被称为青霉素结合蛋白 (PBP，它由两位建筑师组成，一位被称为转肽酶，另一位被称为转葡基酶)的物质充当着"城墙建筑师"的重要功能，它负责构建细菌"城墙"的网状结构。在一般情况下，青霉素等结构类似的很多药物能够非常正确地捕捉到这些"城墙建筑师"，进而达到破坏"城墙"建设导致细菌死亡的目的。

但是，那些对于青霉素类抗生素产生耐药性的细菌，它在耐药基因的指挥下，能够培养新的"城墙建筑师"，使药物难以识别，细菌的"城墙建筑师"可以在药物的"众目睽睽"下"肆无忌惮"地建造自己的"城墙"。如图5-19所示，耐药菌的转肽酶与转葡基酶合成新配方的PBP，躲避青霉素的攻击。

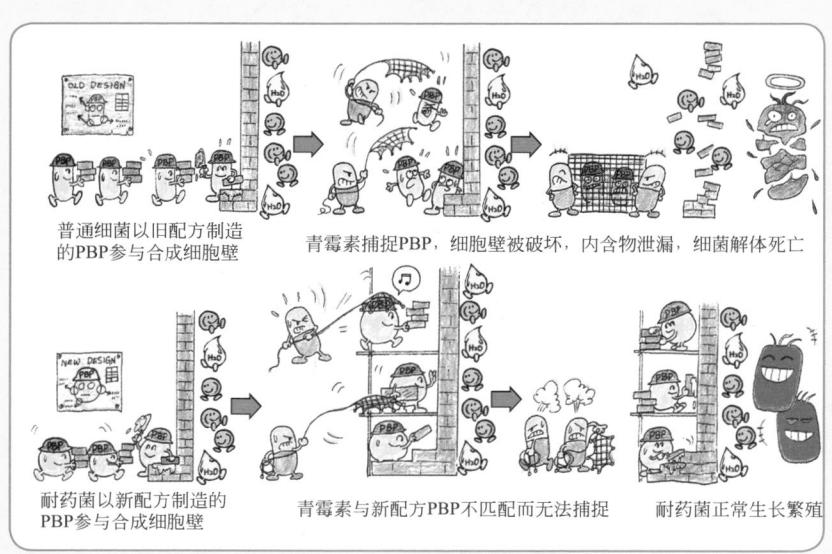

图5-19　敏感细菌和耐药细菌中的城墙"建筑师"

战略战术之三——破坏子弹的杀伤力

如果我们把抗生素比喻是杀灭细菌的子弹，那么只有完整无损的子弹才能够把"敌人"杀死。但是在临床上发现，很多耐药菌能够制造出破坏子弹杀伤力的武器——抗生素钝化酶（一种能够将抗生素分子中的弹头包裹起来的蛋白质，也可以比喻成能够将一把杀死细菌的锐利剪刀包裹起来的蛋白质），还有一种是能够把子弹打碎的蛋白质——抗生素水解酶。

林可霉素是临床上常用的抗生素。对林可霉素耐药的细菌能够制造出一种被称为单磷酸腺苷（AMP）转移酶的"搬运工"，它能够将其搬运到林可霉素分子上去，从而使抗生素失去杀死细菌的威力。对临床上常用的庆大霉素和链霉素等抗生素耐药的细菌，就是通过类似的战略战术来达到抵御追杀的。如图5-20所示，耐林可霉素菌分泌AMP转移酶，搬运AMP包裹在林可霉素外使之失效。

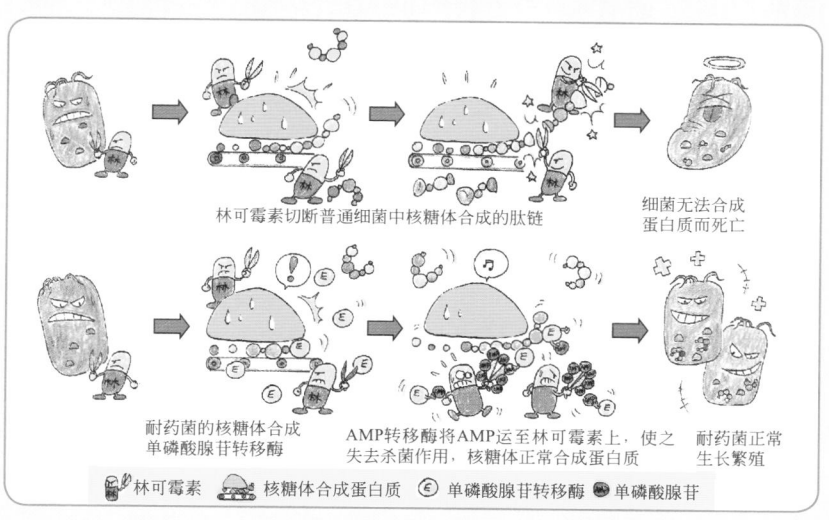

图5-20 林可霉素无法阻止细菌生长的机制

耐药细菌抵御青霉素类抗生素追杀的另外一个重要的战略战术是制造一种能够把抗生素子弹打碎的装备，其在学术上被称为青霉素酶或头孢菌素酶，可以把青霉素或头孢菌素水解，而使药物失去抗菌作用，如图5-21所示。

青霉素攻击普通细菌　青霉素捆绑、捕捉PBP　普通细菌因细胞壁解体而死亡

青霉素攻击耐药菌　耐药菌核糖体合成青霉素酶攻击青霉素，使青霉素解体而失去杀菌能力　耐药菌正常生长繁殖

青霉素　PBP参与合成细菌细胞壁　胞内物质　核糖体　青霉素酶

图5-21　青霉素攻击普通细菌和耐药菌

战略战术之四——巧妙伪装进攻点，让火力难以到达

药物要发挥作用往往是与细胞内的特定部位或结构相互作用或者结合，这个部位即是药物的作用靶点（进攻点）。这些作用靶点像人体的重要器官一样，一旦被攻击破坏，则细菌细胞的重要生命活动就会被阻止，从而起到抗菌目的。在敏感细菌的蛋白质加工厂——核糖体上面有一个能够被链霉素攻击的位点，这样，当链霉

素到达这个进攻点后，这个蛋白质加工厂就被破坏，细菌死亡。而耐药细菌的蛋白质加工厂——核糖体上面被链霉素攻击的位点发生了变化，使抗生素火力难以达到这个进攻点，从而不能破坏细菌的蛋白质加工厂，细菌继续生长繁殖，如图5-22所示。

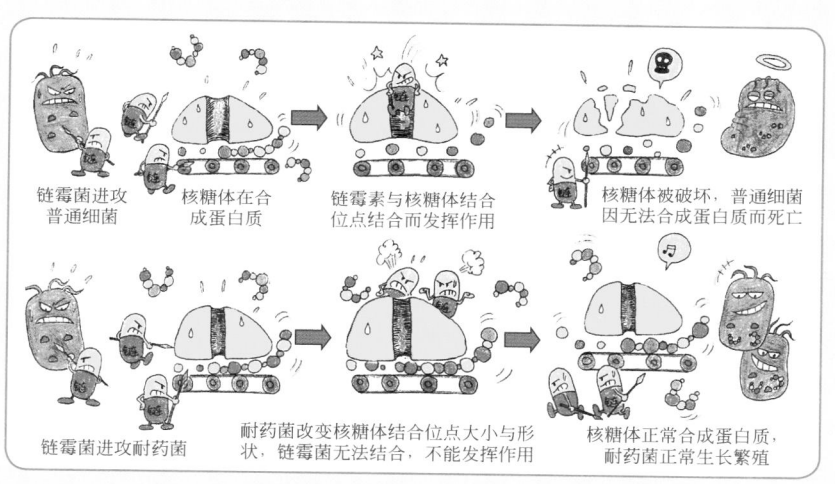

链霉菌进攻　　核糖体在合　　链霉素与核糖体结合　　核糖体被破坏，普通细菌
普通细菌　　　成蛋白质　　　位点结合而发挥作用　　因无法合成蛋白质而死亡

链霉菌进攻耐药菌　　耐药菌改变核糖体结合位点大小与形　　核糖体正常合成蛋白质，
　　　　　　　　　　状，链霉菌无法结合，不能发挥作用　　耐药菌正常生长繁殖

图5-22　细菌改变链霉素攻击位点引起的耐药性

战略战术之五——加固要道防守，减少射入的子弹

细胞外膜是革兰阴性细菌如分枝结核杆菌和铜绿假单胞菌等细菌的第一道防线，它包裹在细菌细胞壁外面，是一种具有高度选择性的渗透性屏障。细胞外膜上有一些特殊的蛋白质，叫做膜孔蛋白，它们就像城门一样，允许细胞外的一些分子从此通道进入细胞。正常的细菌细胞膜也允许抗生素通过这些膜孔蛋白进入菌体内部，发挥效用。但是，在一些耐药菌中，由于这种膜孔蛋白变少或通道变小或关闭，阻碍或者减少"子弹"——抗生素射入菌体内部，从而产生耐药性，如图5-23所示。

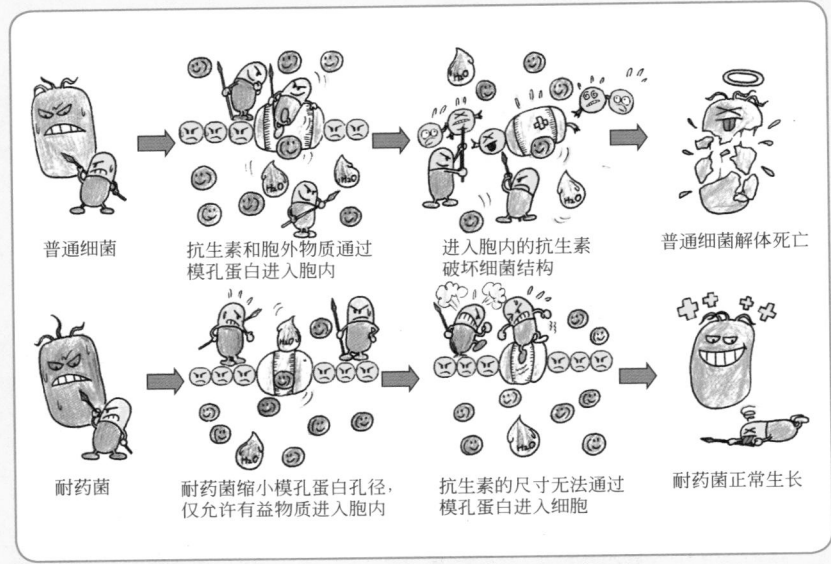

普通细菌　　　　　　抗生素和胞外物质通过　　　进入胞内的抗生素　　　普通细菌解体死亡
　　　　　　　　　　　模孔蛋白进入胞内　　　　　破坏细菌结构

耐药菌　　　　　　　耐药菌缩小模孔蛋白孔径，　抗生素的尺寸无法通过　耐药菌正常生长
　　　　　　　　　　仅允许有益物质进入胞内　　模孔蛋白进入细胞

图5-23　细菌膜孔蛋白改变引起的耐药性

战略战术之六——制造外排泵，把进入细胞的子弹运出去

目前临床上发现的有些耐药菌，在它的细胞膜上有一种被称为"外排泵"的"秘密武器"，它能够把各种不同类型的已经打入细胞内的"子弹"——抗生素运送到细胞外。因此抗生素一方面不断地进入细菌细胞，另一方面进入胞内的抗生素又被像"抓斗"一样的"外排泵"捕捉后运送到胞外。图5-24为耐药菌以ATP供能，用外排泵将抗生素排出细胞。

战略战术之七——群体聚集，制造刀枪不入的防弹外衣

1993年底至1994年初，在美国各地有数百名哮喘患者感染了一种神秘细菌，任何抗菌药物对此都无济于事，最终导致100位

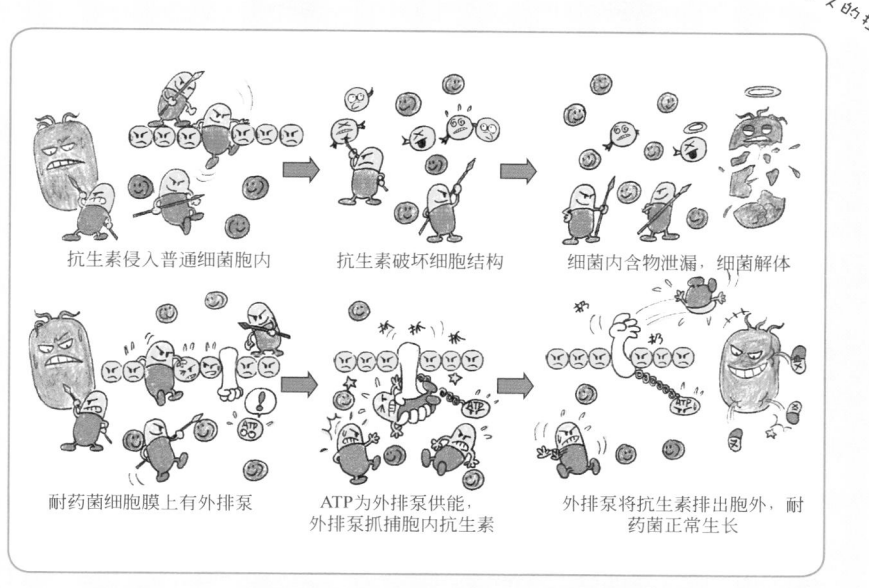

抗生素侵入普通细菌胞内　　　抗生素破坏细胞结构　　　细菌内含物泄漏，细菌解体

耐药菌细胞膜上有外排泵　　ATP为外排泵供能，外排泵抓捕胞内抗生素　　外排泵将抗生素排出胞外，耐药菌正常生长

图5-24　细菌"外排泵"引起的耐药性

患者死亡。详细的调查研究结果表明，所有患者都曾使用过普通的舒喘灵吸入剂，制备该药物的容器污染了铜绿假单胞菌。这种细菌能够分泌黏液相互聚集形成菌膜，形成菌膜后的细菌对化学消毒剂、抗菌药物以及宿主免疫系统都产生抗性。图5-25为由细菌菌膜引起的细菌耐药性的过程。

　　一方面细菌菌膜犹如一件坚固的防弹外衣，一般的抗生素难以穿过，另一方面由于绝大多数抗生素仅对生长的细菌有杀伤作用，因此，这种躲藏在菌膜内的细菌能够长期存活下来。但是，菌膜里的细菌受到其他内在或外在的因素影响时，开始钻出被膜发挥正常作用，对人体开始攻击。能够形成菌膜的细菌对人体的危害更大，因为它长期"潜伏"，并在我们的体质下降时进行"突然袭击"。临床使用的很多植入物，如各种器官的支架、导管、假体和组织等是

细菌黏附的最好材料，一旦细菌形成菌膜就很难治疗，因此有些植入物必须定期取出。菌膜形成是临床慢性感染迁延不愈、抗菌药物治疗失败的原因之一。

图5-25　由细菌菌膜引起的细菌耐药性的过程

第六章
鹿死谁手
战争还在继续

导读

人类与细菌的斗争，旷日持久。或是"道高一尺魔高一丈"，或是"魔高一尺道高一丈"，此起彼伏。面对"阴险狡黠"耐药菌的各种"把戏"，我们怎么办？还有新的策略吗？是否能出奇制胜，赢得战争的最后胜利呢？

病原菌侵袭人体后，是否会导致人体疾病，或者患病后是否康复取决于病原菌、机体和抗菌药物三方面的因素，如图6-1所示。病原菌在疾病的发生上无疑起着重要作用，但它不能决定疾病的全过程，人体的免疫状态和防御功能对疾病的发生、发展与转归也有重要作用。当机体防御功能占主导地位时，就能战胜致病菌，使它不能致病，或发病后迅速康复。抗菌药物的抑菌或杀菌作用是制止疾病发展与促进康复的外来因素，为机体彻底消灭病原菌和导致疾病痊愈创造有利条件。事物总是有两面性的，矛盾是不断转化的。在某种条件下细菌可产生耐药性，而使药物失去抗菌效果；在治疗中药物的治疗作用是主要的，但使用不当时，药物可产生不良反应，影响患者健康，甚至使治疗失败。

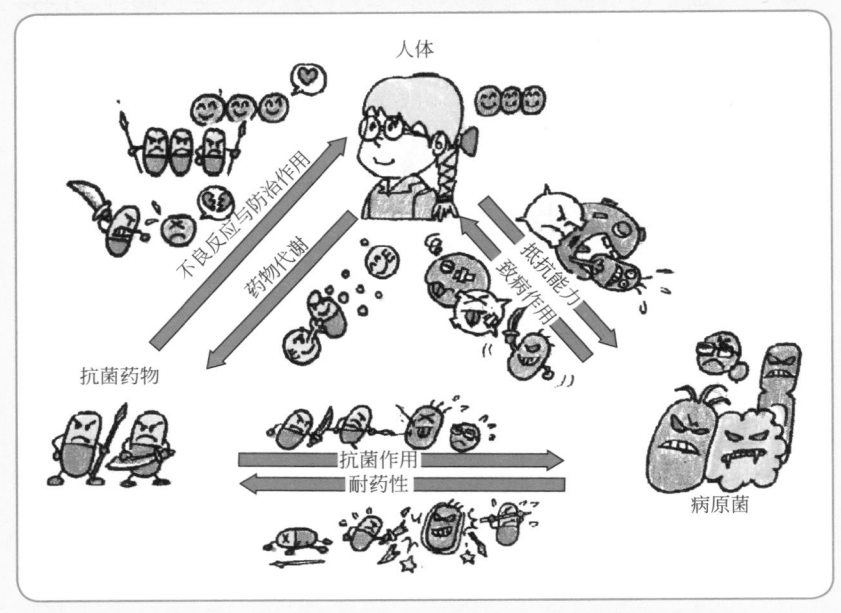

图6-1　机体、病原菌和抗菌药物三者的相互作用

人类在征服细菌感染疾病的漫漫旅途中，从经验性的"石器时代"发展到理性化的"克敌制胜"，这是一场"硝烟弥漫"的战争，每次战争的胜利与否都是对人类智慧的挑战，都是人类与狡猾细菌较量的结果。人类与细菌之间的战争可以追溯到"石器时代"，但以青霉素的发现和应用为标志，是人类和细菌展开殊死的"现代战争"的开始。在这场战争中，人类一次次地为发现或发明新式武器获得战争的胜利而欢欣鼓舞，但又为细菌针对这些新式武器迅速武装自己使其"刀枪不入"而沮丧。2016年，哈佛大学和以色列理工学院的科学家通过对细菌在真实环境下产生耐药性的全真模拟，其结果触目惊心。大肠杆菌仅仅在10天左右的时间里便对1000倍于原始致死量的抗生素产生了耐药性。细菌对抗菌药物的耐药性已成为全球性问题，耐药细菌的种类越来越多，耐药菌的发生率越来越高，耐药的速度越来越快，耐药的程度越来越严重，出现了令人闻之色变的，对多种抗菌药物具有耐药性的超级细菌。

人类与细菌之间的战争将永无穷尽，面对这一严峻的挑战，人类的战略方针只有两个：①合理用药——对于不同的"敌人"使用不同的武器和不同的进攻方法，同时要严格控制非临床抗菌药物的应用范围和程度；②研发新式武器——应用现代科学技术，不断研究开发征服超级细菌的药物，才能在这场斗争中占有主动地位，才有可能取得最终胜利。否则，随着大量耐药菌的出现，已经发现和使用的大量抗菌药物的失效，专家警告称，很可能在未来的20年时间内，髋关节置换这种常规手术会导致死亡，因为轻微的感染也无法治疗，人类将被迫进入"后抗菌药物时代"，即回到抗菌药物发现前的黑暗时代。

那么，如何实施人类赢得战争胜利的这两个战略方针呢？

严密监测　实时掌握敌情

行动计划

1999年，在美国卫生和人类服务部（HHS）的牵头下，由10个联邦局和部组成了一个处理抗微生物药耐药的特别工作组，由美国疾病控制中心、美国食品和药品管理局（FDA）和国立卫生研究院共同主持。

重视并协调FDA解决抗生素耐药所需要的科学研究。

工作组于2001年公布了"防止抗生素耐药公共卫生行动计划"。此计划强调各州和地方卫生局、大学、专业学会、制药公司、卫生保健人员、农业生产厂的合作，以及时了解细菌耐药性的产生、威胁程度和耐药的变化趋势等信息，监测耐药感染的爆发并及时反馈给临床。

2016年，我国发布了《遏制细菌耐药国家行动计划（2016—2020年）》，从国家层面实施综合治理策略和措施，对抗菌药物的研发、生产、疏通、应用、环境保护等各个环节加强监管，加强宣传教育和国际交流合作，应对细菌耐药带来的风险挑战。《行动计划》明确了各部门的工作职责，通过联防联控，优势组合，旨在遏制细菌耐药、维护人民群众身体健康。

我国的"敌情"监测报告

中国耐药监测虽然在方法、监测范围、目的和主持单位方面不尽相同，但对感染性疾病常见的致病菌分布和耐药趋势勾画出一幅具有中国特色的敌情分布图。

葡萄球菌 葡萄球菌的主要耐药问题是对甲氧西林产生耐药性。耐甲氧西林葡萄球菌（MRS），包括耐甲氧西林金黄色葡萄球菌（MRSA）和耐甲氧西林凝固酶阴性葡萄球菌（MRScoN）。MRS在住院患者中分离率可达80%～92%。MRS对临床常用的抗菌药物喹诺酮类、氨基糖苷类、大环内酯类常常有抵抗能力，对全部 β－内酰胺类药物治疗不佳，可选择治疗的药物甚少，目前用于MRSA治疗的药物主要有糖肽类药、万古霉素（被称为王牌抗生素和最后一条防线）和替考拉宁以及多杀霉素和利奈唑烷。

肠球菌 与人类疾病有关的是粪肠球菌（约占80%）和屎肠球菌（约占20%），主要引起人类泌尿系感染、败血症、心内膜炎、化脓性腹膜炎和外伤感染。

收集全国26家医院耐药监测结果表明，耐万古霉素肠球菌（VRE）约占全部肠球菌的0～8%，耐氨基糖苷类肠球菌（HLAR）占耐庆大霉素菌株的60%～80%，粪肠球菌与对万古霉素和替考拉宁的耐药率分别为2.95%、0.83%，屎肠球菌则为5%和3%。

大肠埃希菌和肺炎克雷伯菌 大肠埃希菌和肺炎克雷伯菌是易产超广谱 β－内酰胺酶（ESBL）的主要菌株，随着三代头孢菌素的广泛应用，产ESBL菌株检出率逐年增高，由于ESBL是质粒介导的，可通过转化、转导、接合转移等方式传递而造成耐药菌流行，因此控制三代头孢菌素的使用可有效抑制ESBL的产生。由于产ESBL菌常对青霉素类、头孢菌素类和单酰胺类药物治疗不佳，使病死率升高。

阴沟肠杆菌 产头孢菌素酶是阴沟肠杆菌产生多重耐药的主要原因。阴沟肠杆菌也可产生质粒介导ESBL酶，因此使阴沟肠杆菌的耐药性更高了。

非发酵革兰阴性杆菌　近年来非发酵革兰阴性杆菌在医院感染中呈上升趋势，由41.2%升至47.9%。铜绿假单胞菌为医院感染致病菌的第一位，铜绿假单胞菌对11种抗生素的敏感性均在下降。2012年，5所医院临床分离到的铜绿假单胞菌对各抗菌药物的耐药率为7.5%～35.6%。

不动杆菌对常用抗生素的耐药率居高不下，对其敏感性高于70%的抗生素只有亚胺培南和头孢哌酮（舒巴坦）。

嗜麦芽窄食单胞菌由于多种耐药机制使其对大部分常用抗生素耐药率极高，由于产生L1金属β-内酰胺酶对亚胺培南天然耐药。监测结果提示对嗜麦芽窄食单胞菌敏感性最高的药是替卡西林/棒酸、头孢哌酮（舒巴坦）和头孢他啶。

不可藐视的潜在敌情——要重视亚流行菌株的耐药问题　一些亚流行菌株和潜在的耐药问题是不可轻视的"敌情"。例如，耐万古霉素葡萄球菌（VRSA），虽然在中国还未曾报道，但应积极采取有效的预防措施严格控制诱导糖肽类耐药的抗生素的应用，杜绝VRSA的出现。

伯克霍尔德菌、黄杆菌、产碱杆菌广泛存在于大自然和医院环境中，极易引起免疫力低下患者的感染，这些细菌大多存在多种耐药机制，因此临床治疗难度大，死亡率高。

合理使用兵力　遏制敌情扩散

世界卫生组织的细菌耐药性全球战略

很多引起急性呼吸道感染、感染性腹泻和结核病的病原体对一线药物的耐药率可从零到几乎100%，有时甚至对二、三道防线的药物产生影响。细菌耐药性问题已威胁到全球稳定和国家安全。

最初人们相信新型抗菌武器的开发能战胜耐药菌。可是到了世纪之交，由于新药来源渐渐枯竭，这种优越感逐渐消失。

鉴于此，1998年世界卫生大会（The World Health Assembly，WHA）敦促各成员国采取措施正确使用抗菌药物。

自此，许多国家越来越关注细菌耐药性问题，有些国家制定了国家行动计划来解决这一问题，但问题是"做什么"和"怎么做"。

面对这一挑战，世界卫生组织《遏制抗微生物药物耐药性的全球战略》提供一个延缓耐药菌出现和减少耐药菌扩散的干预框架，主要措施有：①减少感染的传播；②完善获取合格抗菌药物的途径；③改善抗菌药物的使用；④加强卫生系统及其监控能力；⑤加强制定规章制度和立法；⑥鼓励开发合适的新药和疫苗。

合理使用兵力 遏制敌情扩散

滥用抗菌药物不仅会增加药品不良反应和药源性疾病的发生率，而且会使患者身体器官受损；不仅会破坏人体内的正常菌群，而且能造成细菌耐药性的增加。如果人类继续这样滥用抗菌药物下去，终有一天抗菌药物将失去药效，某些疾病可能会到无药可治的可怕地步。因此，我们应该学会科学用药，严禁滥用抗菌药物。

如何使用抗菌药物是一门学问，那么该如何合理使用抗生素呢？

有人就将抗生素作为"万能药"，不管得了什么病都用抗生素治疗。要知道，抗菌药物治疗细菌感染有效，但对病毒感染无效。上呼吸道感染以及咽痛、咽喉炎和支气管炎，大部分都是病毒感染

所致，因此，这类由病毒感染所致的疾病不宜用抗生素治疗。若使用抗菌药物进行治疗，不但无效，反而有害，会使细菌产生耐药性的机会增加。

随随便便就用抗生素，效果自然不理想。使用抗生素要执行3R（right）原则，即正确的时机、正确的患者和正确的抗感染。执行3R原则，可以提高患者的治愈率、降低细菌耐药的发生、减轻患者负担和节省社会资源。因此，一个地区和医院都要建立院内感染致病管理委员会，每年定期公布细菌耐药性的情况，这样可为临床医生提供抗生素使用的指导。其次，医生要了解主要抗生素的抗菌活性，包括抗生素半衰期（进入体内的一半抗生素被代谢掉的时间）、对哪些细菌比较敏感，是通过肝脏代谢还是肾脏代谢，这样才能最大限度发挥各类抗生素的作用。再次，要对各类感染性疾病的感染程度分级，针对不同程度的感染患者合理选用抗生素。

政府应采取限用策略，医院轮换使用抗菌药物，即某些抗菌药停用一段时期后再行使用，以恢复细菌对药物的敏感性。

预防性应用抗生素要严加控制，尽量避免在皮肤、黏膜等局部使用抗生素。因为，这样使用容易导致过敏反应，容易引起耐药菌的产生，以致用它来治疗全身感染时疗效欠佳。

在控制抗菌药物的滥用方面，你能做什么？

树立"滥用抗生素有害"的意识，自觉抵制抗菌药物的滥用，就是捍卫你自身的健康和生命。加强身体锻炼，提高机体的免疫力，抵御细菌感染、养成良好的卫生习惯，烧熟你的饭菜，严格做好日常消毒，减少感染和用药机会。当你生病时，不自行使用抗菌药物。看病时不主动向医生要求使用抗生素，不向医生要求用"好药"、"多用药"。询问医生，是否真正有必要使用抗生素。使用某种抗生素不随便减少药量，不随意停药或缩短用药时间。疗效不好时，应考虑剂量、用药时间、给药方式等因素，不要随意更换新的抗生素。

从食物链起点防范　减少抗菌药物在动物中的使用

目前人类滥用抗生素的问题得到了一定程度的控制，但是在动物身上滥用抗生素对人类健康的危害不容忽视。

动物饲料是人类食物链中的一环。在养殖业中将抗生素作为饲料添加剂，不仅可以使动物防病治病的能力提高、喂食量降低，而且可以促进动物生长，但同时会使动物体内的细菌产生耐药，导致动物细菌病难以控制。经过一定的加工程序，这些动物进入市场，残留的耐药菌在这个过程通过食物的交叉污染而扩散，通过饮食而传播到人。即使食物中的细菌被高温杀死，但细菌的遗传物质DNA还是能够进入人体传播给其他细菌，使其产生耐药性。或者，这些耐药菌通过动物与人的接触传播给人。细菌耐药性扩散的链条由此拉长。因此，要使制止滥用抗生素的行动取得实效，必须从源头把关，彻底斩断抗生素滥用对人类健康的威胁链。图6-2为耐药菌的扩散途径（流行病学）。

因此，政府部门不仅要着手建立食品及药品安全和不良反应的监测、评估系统，而且要将动物使用抗生素的情况纳入医药监控体系，对于已经注册用于人或动物治疗的抗菌药物，不能再作为抗菌生长促进剂使用。

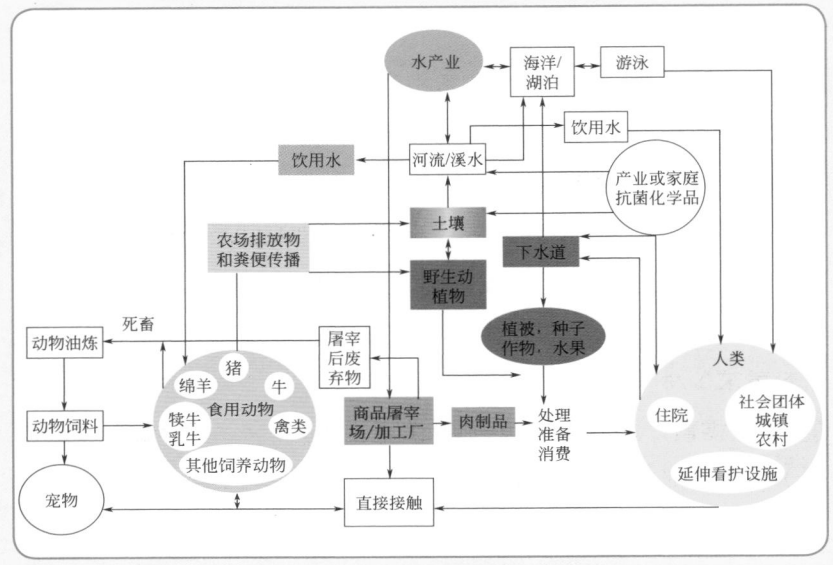

图6-2　细菌耐药性的扩散途径

克敌制胜　不断发明新的武器装备

随着人类与细菌之间的战斗不断升级，迫切需要发明新的武器来战胜耐药菌。科学家如何利用新的技术方法和资源，寻找对付耐药菌的精锐武器呢？

策略1：扩大微生物资源　寻找新的抗生素

从极端环境微生物中筛选新的抗生素　极端微生物是指生活在低温、高碱、高盐、高压等极端环境下的极端生命形式，它被认为是新抗生素的宝贵来源之一。极端环境微生物能够产生很多稀有化学物质，从中可以发现具有高活性的新抗生素。包括嗜热微生物、嗜冷微生物、嗜碱微生物、嗜酸微生物、嗜盐微生物、嗜压微生物等。

嗜热微生物的最适生长温度高于45～50℃，广泛分布于温泉、堆肥、地热区土壤、火山地区以及海底火山。科学家甚至在冰岛的一座温泉中发现能在98℃的高温下生长的嗜热微生物。嗜冷微生物广泛分布在地球的南北极地区、冰窖、终年积雪的高山、深海和冻土地区，它们可以在0℃或更低温度下生长，最适生长温度为15℃或更低。在硫黄泉、硫矿、黄铁矿，或金、铜、铅、铀矿口的废物堆中酸度比家里常用的米醋还要酸，嗜酸性微生物就生长在这样的酸性条件下。嗜盐微生物分布在晒盐场、盐湖、腌制品中以及世界上著名的死海中，能够在盐浓度为15%～20%的环境中生长，有的甚至能在32%的盐水中生长。

从海洋微生物中筛选新的抗生素　1889年，De Giaxa发现海水对炭疽杆菌和霍乱弧菌的生长具有抑制作用，指出海洋微生物可能产生抑制细菌生长的物质。20世纪30年代科学家也逐渐认识到海水的抑菌作用，从此开始了海洋微生物抗菌物质研究的序幕。

国际海洋生物学家在全球多个海洋研究点采样调查和分析后惊讶地发现，生活在海洋中的微生物种类可能比人类目前估计的数量多100倍，达到上千万种，每升海水中可能会有20000种微生物。生物的多样性注定了海洋是筛选新抗生素的重要来源。事实上，科学家们已经从海洋微生物中找到许多具有抗菌活性的新型化合物。这些化合物的结构类型多样，有大环内酯类、氨基糖苷类、氨基环醇、蒽醌类、生物碱、酚嗪类等化合物。这些化合物不仅能抑制相应的细菌，而且表现出不同于现有一些抗生素的独特作用机制。

雪龙号科考船

箱式采泥器采集南极
海洋表层沉积物样品

南极海洋沉积物多管重力
采样器采集样品出水面

南极海洋重力
采集器下水

柱状样品出水

南极湖泊沉积物样
品采集

南极冰封湖泊下重力采样器
采集湖泊沉积物柱状样品

图6-3　我国研究人员用于采集海洋淤泥的采集器

（图片由陈波教授提供）

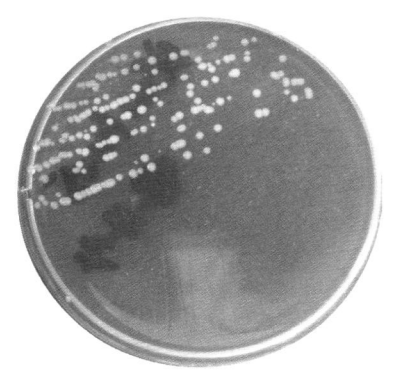

图6-4　南极海水中的
假单胞菌

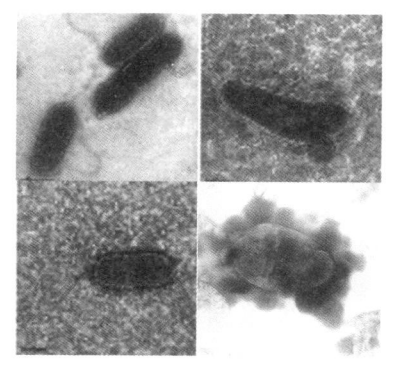

图6-5　一些来自于海洋沉积土
的微生物的电镜照片
（图片由陈波教授提供）

　　科学家Hellio等从南极海域中的16种海洋微藻中提取到了具有抗菌活性的物质，其中的9种物质可以强烈抑制海洋真菌和革兰阳性菌。中国海洋大学的科学家对采集自北极海泥、海水样品中的101株低温菌株进行了筛选，最终得到8株细菌具有抑菌活性。

　　图6-3是我国研究人员用于采集海洋淤泥的采集器。图6-4为南极海水中的假单胞菌；图6-5所示为一些来自于海洋沉积土的微生物的电镜照片。

　　从植物内生菌中筛选新的抗生素　　所谓植物内生菌是指那些在其生命过程中的某一阶段或全部阶段生活于健康植物的组织器官内部的真菌或细菌。被感染的宿主植物（至少暂时）不表现出外在病症，因此可以把植物内生菌理解为生活于植物组织内的正常菌群。图6-6为从土壤中的真菌在固体培养基上的生长情况，图6-7为从植物中分离到的各种真菌孢子的电镜照片。

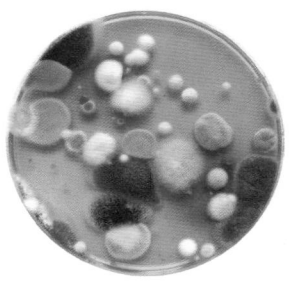

图6-6　植物内生真菌在固体培养基上的生长情况

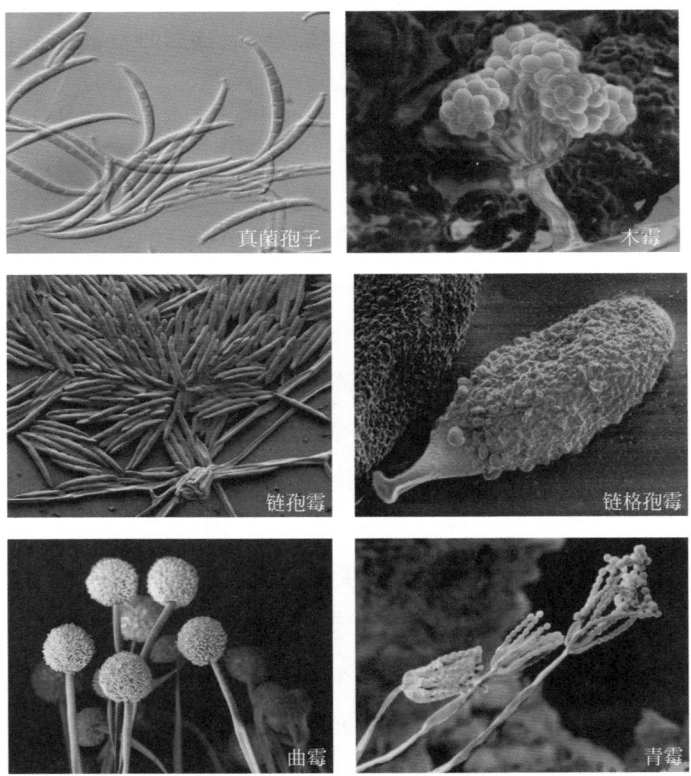

图6-7　一些植物内生真菌孢子的电镜照片

1898年 Vogl 从黑麦草的种子中首次分离出第一株内生真菌。但在此后的70年间，内生菌的研究进展缓慢；直到20世纪70年代，Bacon 等发现高羊茅中的内生真菌和毒素的产生有关，从此以后植物内生菌的研究在国际范围内引起了广泛的重视。

生活在植物组织中的植物内生菌，由于与植物的关系密切，同时产生丰富多样的生物活性物质，如抗生素等，因此从中发现新的有意义的化合物潜力相当大，其作为新的治疗药物或前体药物的潜在来源已经引起人们的广泛重视。

策略2：从植物中筛选新的抗生素

植物中蕴涵着丰富的药物资源，虽然目前从植物中发现的具有抗菌活性的物质多数与临床上使用的抗菌药物相比活性较低，但从中可以发现全新结构的抗菌物质。例如，连翘中的连翘酚、尘菌（又名马勃菌）中的马勃酸具有广谱抗菌作用，对革兰阳性菌和阴性菌都有良好的抗菌作用。忍冬（又名金银花）对葡萄球菌、溶血性链球菌、伤寒杆菌、结核杆菌、肺炎球菌等分泌的毒素有较强的中和作用。松萝（别名树挂、云雾草、海风藤、天蓬草、老君须）中的松萝酸对肺炎球菌、溶血性链球菌、白喉杆菌、结核杆菌都有很强的抑菌作用。菘蓝叶（又名大青叶）含靛红烷B、葡萄糖芸苔素、新葡萄糖芸苔素、葡萄糖芸苔素−1−磺酸盐及靛蓝等，对金黄色葡萄球菌、溶血性链球菌均有一定的抑制作用，马蓝除了叶可为药用，其根茎和根即为广为人知的板蓝根，具有显著的清热解毒作用。路边青类含靛苷、山大青苷，对痢疾杆菌、脑膜炎双球菌及钩端螺旋体有抑制作用。酸果蔓，有"天然抗生素"的美称，不仅能抵制大肠杆菌在尿道壁和膀胱壁上附着，还能抵制幽门螺杆菌的附

着。熊果叶也具有抗大肠杆菌（尿路感染）的作用。

　　具有抗菌活性的中草药很多，其他如大蒜、鱼腥草等。科学家还发现中药蒲公英、黄柏、败酱草在体外对耐药的大肠杆菌及副大肠杆菌具有不同程度的抑菌作用，尤其是对多种抗生素耐药的细菌仍然具有抑菌活性。

　　我国的中草药蕴含着极为丰富的宝贵资源，开发利用中草药，从中找到可以抑制和杀灭耐药菌的有效物质，也为治疗感染提供了一条有效的途径。

策略3：从动物中筛选新的抗生素

　　早在1972年，瑞典科学家 G. Boman 等就诱导了惜古比天蚕蛹，然后从其血淋巴中分离获得了天蚕抗菌肽。此后，相继在昆虫、两栖类、水产动物、包括人在内的哺乳动物甚至植物及细菌等广泛的生物谱中发现了至少1700余种抗菌肽。

　　抗菌肽有其共同的特性，即微量、抗菌谱广（包括革兰阳性菌、革兰阴性菌、真菌、寄生虫），而且大多数抗菌肽对正常真核细胞无毒性或低毒性，几乎无耐药性。正因如此，抗菌肽亦被称为"天然的抗生素"，因其有望克服日益严重的抗生素耐药问题而引起人们极大的兴趣。

　　大多数动物来源的抗菌肽是生物预防微生物感染的天然防卫系统的重要组成部分。在人和其他哺乳动物中，这些多肽如防御素是中性白细胞构成中的主要蛋白质（总共为10% ~ 18%），中性白细胞是对微生物侵袭和急性感染起着直接防卫作用的最重要的细胞。

　　抗菌肽具有独特的抗菌机制。目前，国内外学者一致认为细胞膜是抗菌肽的主要作用靶点，多肽通过肽－膜脂作用而在细胞膜上形成孔道，造成细胞膜结构破坏，膜内外电压失衡，内容物泄漏，最终导致细胞死亡。其过程如图6-8所示。

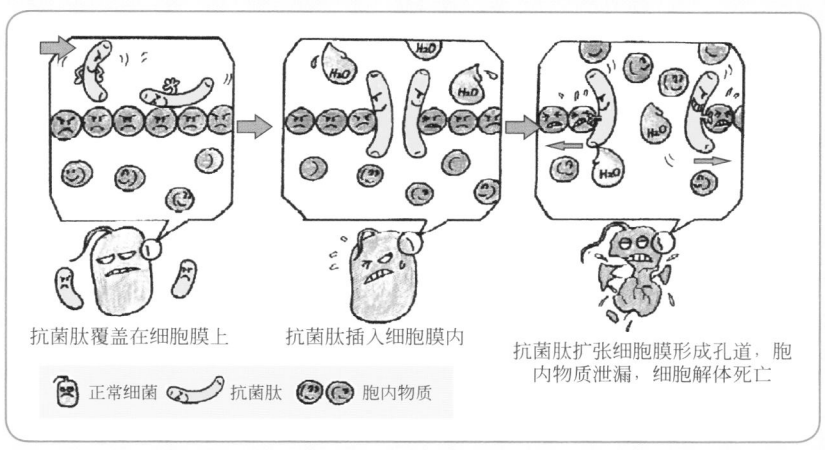

抗菌肽覆盖在细胞膜上　　抗菌肽插入细胞膜内

抗菌肽扩张细胞膜形成孔道，胞内物质泄漏，细胞解体死亡

正常细菌 抗菌肽 胞内物质

图6-8　抗菌肽在细菌细胞膜上形成孔道

策略4：化学合成全新结构的抗菌药物

利用化学合成，科学家们已经开发出了一些全新结构的抗菌药物，对耐药菌具有很好的杀灭作用。其中临床上比较常用的合成抗生素有磺胺类药物、喹诺酮类药物以及噁唑烷酮类等。

目前最常见的全合成抗菌药有喹诺酮类药物。第一个喹诺酮类药萘啶酸的抗菌谱窄，口服吸收差，不良反应多，现已不用。吡哌酸抗菌活性强于萘啶酸，口服少量吸收，不良反应较萘啶酸少，可用于敏感菌的尿路感染与肠道感染。1979年在诺氟沙星基础上合成的一系列含氟新喹诺酮类药开启了喹诺酮类药物的新篇章。喹诺酮类药物主要通过抑制细菌DNA螺旋酶作用，从而阻碍DNA合成而导致细菌死亡。但是随着喹诺酮类药物的广泛使用，也出现了细

菌耐药性。

科学家们又合成出了一种全新的抗生素——噁唑烷酮类抗生素。噁唑烷酮类抗生素对革兰阳性菌的抗菌谱非常广，对耐甲氧西林金黄色葡萄球菌、耐万古霉素葡萄球菌、耐万古霉素肠球菌、耐青霉素肺炎球菌和厌氧菌都具有活性。其代表药物是2000年上市的新药（由美国辉瑞公司生产）——利奈唑胺，它对革兰阳性菌尤其是耐药菌感染的治疗表现出一定的优势，成为其一大亮点。

策略5：歼灭/横扫细菌反击药物的武器装备

目前，在临床使用的所有抗生素（除 β - 内酰胺酶抑制剂外），都是通过抑制细菌的生长繁殖来达到目的。这种"针锋相对"的结果，往往导致出现"道高一尺、魔高一丈"的局面，即抗生素对细菌的杀伤力越强，细菌为了逃避抗生素的追杀，而想方设法地要生产出抵御抗生素的武器装备，即出现细菌耐受性的可能性越大、出现的时间越快。因此，开发歼灭细菌攻击抗生素的武器装备，是一个重要的新型抗生素开发的领域。因为当细菌的这些装备被清剿后，医生只要用常用的抗生素就能够将细菌杀灭了。而且，由于这些新型的抗生素不影响细菌正常的生长繁殖，细菌也不会去生产对付这些抗生素的武器装备。或者是对抗生素进行结构改造，使容易被细菌制造的攻击武器难以到达它的攻击目标——抗生素。

解除耐药菌武器水解酶的反击　由于耐药细菌产生水解酶，使得抗生素逐渐失去了对细菌的作用活性。因此，如果我们找到一些物质能抑制耐药细菌产生的酶，就可以使现在已有的抗生素重新展现风采。事实上，现在临床上已经使用了一些酶抑制剂，取得了良好的临床效果。例如，澳格门丁就是由阿莫西林和克拉维酸钾组成，其中阿莫西林是 β – 内酰胺类抗生素的经典老药，已经有许多细菌对其产生了耐药，而克拉维酸钾则具有抑制 β – 内酰胺酶的作用，能有效阻止 β – 内酰胺酶破坏阿莫西林，而其本身并不具备强大的抗菌活性，但两者联用对耐药菌产生了良好的抑制作用。另一个比较著名的 β – 内酰胺酶抑制剂是舒巴坦，它是不可逆的竞争性 β – 内酰胺酶抑制剂，对革兰阳性及阴性菌（除铜绿假单胞菌外）所产生的 β – 内酰胺酶均有抑制作用，通过与酶发生不可逆的反应后使酶失活，抑制剂清除后也不能使酶的活性得到恢复。在此种情况下，酶抑制剂作用于酶的过程中本身不可避免地遭到破坏，故称自杀性抑制剂。由于抑制酶作用随着时间的延长而增强，所以也称进行性抑制剂。

NewBiotics 公司的科学家还设计了一种新的新药开发方案。首先鉴别药物的主要灭活酶，然后对酶的底物进行修饰，使其与一种毒性物质连接，当该底物被酶水解时，释放毒性物质，导致细胞死亡。利用该方法设计出的抗菌药物称为勇士抗菌药。

另外，也可以对现有抗生素进行结构的改造，使细菌的武器装备（水解酶）无法对抗生素进行攻击，从而保护了抗生素，也保证了抗生素的活性。针对耐药菌产生水解酶破坏 β – 内酰胺抗生素的结构，科学家对现有的 β – 内酰胺类抗生素进行改造和修饰，开发了一系列耐青霉素酶的抗生素，即细菌所生产的这种武器无法攻击到抗生素。

增强抗击耐药菌钝化的威力　氨基糖苷类抗生素是一类常用抗生素，曾经为人类战胜细菌作出了卓越贡献。但是，细菌逐渐对氨基糖苷抗生素产生了抵抗作用。其中最重要的抵抗作用就是细菌产生了钝化酶。这些酶可以改变氨基糖苷类抗生素的化学结构，从而

使此类抗生素的活性部分失去应有的作用。那如何改变这种情况呢？科学家们想出了两种方法。一种方法是抗生素上引入保护基团，使得钝化酶不易改变抗生素。科学家们发明的丁胺卡那霉素就是通过引入保护基团从而使抗生素免受钝化酶的攻击。另一种方法是干脆剔除掉容易受到钝化酶攻击的基团。这种方法比此前方法更不容易引起细菌耐药。利用这种方法，发明了地贝卡星，可以有效克服耐药性。

强袭耐药菌的防御性障碍设施　抗菌药物想要抑制或杀灭细菌，就要作用在一定的设施（靶位）上。如果细菌体内的靶位发生了改变，使得抗菌药物不能很好地与靶位结合，抗菌药物就会失去抗菌活性。因此如果增加药物对被修饰靶位的亲和力，就可以有效减少耐药。碳青霉烯类是一类非典型的 β - 内酰胺类抗生素，它的结构与传统的 β - 内酰胺抗生素相似。但是，其结构有其自身的特异性，这就决定了它可以很好地与作用靶位结合而不会被 β - 内酰胺酶水解。

四环素是一种广谱抗生素，可以抑制革兰阳性菌、革兰阴性菌和其他一些微生物的生长。但是现在许多细菌对四环素不再敏感。究其原因，在于细菌的核糖体增强了保护。而四环素的作用机制在于结合核糖体，抑制细菌蛋白质的合成。因此，保护了核糖体，细菌就能使四环素失去作用。如果抑制了保护核糖体的蛋白质的合成，就能较好地解决这一问题。科学家对四环素进行了改造，发明了甘氨酰四环素——替加环素，它可以克服由于核糖体的保护引起的耐药性。

避开耐药菌的屏障，寻找新的进攻通道　细菌在对抗抗菌药物的过程中，形成了许多防卫机制。其中一种就涉及细菌细胞膜的通透性（屏障）。细胞外膜上存在多种孔蛋白，孔蛋白可形成特异性通道和非特异性通道，允许包括抗生素在内的各种物质通过。耐药菌的某种孔蛋白丢失或孔蛋白发生形状和数量的改变，阻碍抗菌药物进入细菌内部。因此，如果寻找到一些药物能够打通特殊的通道，使药物进入细胞内部，就可以克服这种耐药性。幸运的是，科学家们利用这种思路发明了一些药物，其中的典型就是亚胺培南。亚胺培南是一种非典型的 β - 内酰胺类抗菌药物，它对铜绿假单胞菌的活性，主要是通过一个特殊的孔蛋白通道OprD的扩散而实现。当然，如果细菌关闭了这些通道，也会形成新的耐药。但是，这种思路还是可取的。

抑制耐药菌对药物的外排　在耐药菌的细胞膜上有一种被称为外排泵的蛋白（泵）。这种蛋白质像水泵一样，可以将许多进入细胞内部的抗菌药物泵出细胞，从而使细胞内部的抗生素浓度达不到杀灭和抑制细菌的浓度，因此导致细菌产生了耐药性。针对这种情况，科学家们寻找了一些外排泵抑制剂，可以有效地抑制这种蛋白质，从而保证了细胞内部的抗生素浓度。一个典型的例子就是四环素，细菌很容易就对其产生耐药，而耐药的机制之一就是由外排泵引起的。替加环素就可以有效克服由外排泵介导的耐药机制。

策略6：寻找多重杀菌机制的抗菌药物

达托霉素是具有独特环状结构的脂肽类抗生素，由一个十碳烷侧链与一个环状 β -氨基酸肽链N- 末端的色氨酸连接而成。达托霉素具有在体外抗所有革兰阳性菌的作用，这些细菌包括耐药菌，如耐万古霉素肠球菌(VRE)、耐甲氧西林金葡菌（MRSA）、糖肽类敏感金葡菌（GISA）、凝固酶阴性葡萄球菌（CNS）和耐青霉

素肺炎链球菌（PRSP），对于这些耐药菌可选择的抗生素很少。

达托霉素抑制细菌的机制不同于 β–内酰胺类、氨基糖苷类、糖肽类、大环内酯类等其他抗生素，它通过几重作用破坏细菌胞膜的功能而杀菌。胞膜上的达托霉素结合蛋白(DBPS)为其作用靶位，其可能的作用机制包括抑制糖肽的合成，抑制磷脂壁酸的合成以及耗散胞膜电位的作用。

策略7：寻找新的药物作用靶位

对于多重耐药菌的治疗，寻找新的细菌靶位是一个有效的手段。科学家们从磷脂合成途径、脂肪酸合成途径、多肽脱甲酰基等几个方面进行新靶点的研究。希望利用新靶点的研究研制出新抗生素。

策略8：利用基因组学成果寻找新抗生素

近10年来，科学家越来越集中于以靶为基础技术寻找新抗生素，通过分析某一化合物是否为某一特定生化反应或分子间相互作用（药靶）的抑制物，而确定这种化合物有没有成为药物的可能。以靶为基础的策略的优点是显而易见的。产生于基因组学的信息极大地方便了靶的选择。此外，基于基因组信息的新技术也为寻找更有效的抗生素带来新的机会。

随着对抗生素作用机制和细菌耐药性机制研究的深入，人们愈来愈认识到：一个细菌就是一个生命的整体。一个生命体在遭遇环境变化时，除了具有特殊的应对机制外（即靶标特异性），更多的是调动生命体的整个蛋白质网络来应对外界刺激。这种蛋白质网络的变化或是导致细菌死亡，或是提高细菌抵御抗生素压力继而导致细菌产生耐药性。

策略9：挖掘噬菌体的能力

噬菌体可谓是大自然一物降一物的杰作，它对细菌具有天然的识别和吞噬能力，而且与细菌共同进化，不受细菌耐药性和生存环境的影响。美国洛克菲勒大学的科学家从噬菌体能识别细菌的表面结构并与之紧密结合受到启发，将噬菌体与有免疫作用的抗体结合，创造出一种嵌合分子。它对MRSA感染小鼠的治疗中能显著提高小鼠的存活率，阻止感染的发展。

2017年5月美国第一例成功接受静脉内噬菌体治疗的患有压倒性全身感染的患者奇迹般地痊愈，则开辟了一条替代传统抗菌药物的新途径。2015年底，加州大学Tom Patterson博士在埃及病了，被当地医生诊断为胰腺炎。在接受标准治疗后，病情并没有得到好转，反而持续恶化。经救护直升机送到德国法兰克福进行抢救，医生发现Patterson感染了多重耐药鲍曼不动杆菌。经过抗生素美罗培南、替加环素和多黏菌素组合治疗后患者状况稳定，转到美国加利福尼亚州圣地亚哥健康中心进行治疗，但他体内的细菌已经变得对所有这些抗生素都具有耐药性。细菌侵入了他的腹部和血液，状况极其糟糕，越来越神志不清。在美国FDA的紧急批准下，2016年3月，Patterson开始接受噬菌体治疗。在不断调整新的噬菌体后，他的体内终于不存在鲍曼不动杆菌。尽管噬菌体不是绝对完美的药物，但对多重耐药菌感染的尝试可能成为一种新型的治疗方法。

后记

　　我一直以为，作为一名科研工作者，在做好研究工作的同时，有义务将自己的所知、所得、所悟，借助轻松的笔调介绍给普通读者，从而加强科学家和社会大众的联系，使科学知识走出象牙塔与图书馆，进入渴望获取它的每一个人的心里。

　　基于自己长期工作的研究领域和兴趣，想写一本有关细菌与药物的科学小品由来已久。十三年前华东理工大学出版社出版了笔者的拙作《抗菌药物与细菌耐药性》，该书内容专业性很强，但从科学普及的角度来看，其实讲的是发生在人类与细菌之间一场旷日持久、永无休止的战争。本想以此为主题来撰写这本小品，但是随着构思的不断深入和完善，我愈来愈感到如果只是这样写的话，似乎对细菌不公平，因为细菌除了作为敌人危及人类生命外，细菌也作为朋友为人类的文明和进步作出了"彪炳史册"的贡献。以细菌与人类的战争为主线，兼顾细菌对人类的贡献，才是对细菌这个微小精灵应持有的更公正态度，进而也为读者了解细菌与人类"功过是非"的辩证关系打开方便之门。

　　为了实现这个夙愿，十多年前我就开始陆续收集各种有关生命科学、药学和医学方面的科普作品。一来看看自己的构思是否与它们"撞车"，是否有付梓出版之价值；二来学习探索科普作品或大众作品的写作模式，从而对自己的能力做一个客观的评价，看看能不能胜任这份并不轻松的创作任务。我想作为一本优秀的科普作品，一定要在作者深刻领会那些深奥的科学理论、繁复的科学实验和严谨的科学论证的基础上，以精彩的文笔恰如其分地描述科学事实和科学道理，让读者不仅能一读就懂，而且能牢记在心，在亲身受益的同时最终自觉传播给其他人。显然，达到这样的效果着实不易。

撰写这本科学小品，得益于许多人的支持，采纳了不少很好的建议。最早，上海交通大学和上海医药工业研究院微生物与生化药学专业2003级研究生为完善本书出谋划策，并协助查阅了部分文献，尝试撰写了部分内容；后来，上海交通大学钱秀萍老师的加盟使本书更趋系统性和条理性以及可读性；再后来具有良好生物学背景的业余画家薛原楷的加盟使许多呆板的文字变成栩栩如生的动人画面，以及华东师范大学的倪兵老师和上海来益生物药物研发中心的殷瑜老师帮助制作了很多电镜和光镜照片；同时，在本书中还引用了由本人和戈梅老师主编的《生物产业》中的一些图片，以及使用了一些好友提供的照片等，在此一并表示衷心的感谢。化学工业出版社的相关人员，凭借他们渊博的学识和丰富的出版经验，不断提出修改和完善的建议，并以他们的热情鼓励促进作者完成创作。

陈代杰

跋

作为"微生物药学"的专业教师，我有幸与陈代杰老师一起编写《细菌简史——与人类的永恒博弈》。在不断讨论和修改的过程中，人类和细菌之间的关系、抗争的场景和脉络越来越清晰地呈现在我的面前——跨度长达13年。

一个是结构最复杂的高等生物，一个是结构最简单的低等生物。从进化的角度来看，它们只能"遥遥相望"，但现实生活中它们常常是"亲密接触"。它们的关系微妙而复杂，有的成为"水乳交融"的朋友，有的成为"你死我活"的敌人，有的既不是绝对的敌人，也不是永远的朋友。

为了生存，小小细菌竟敢侵入人体，释放毒素，繁衍后代；为了健康，人体巧妙设置了一道又一道的防线，"兵来将挡，水来土掩"。从人类和细菌的抗争史来看，从金属、药草，到"以毒攻毒"的疫苗，再到层出不穷的抗菌药物，人类取得了一个又一个"战役"的胜利。可是，聪明的细菌面对强大的抗菌"武器"，也装备起精良的"防御工事"抵抗抗菌药物。针对耐药问题，人类又一批新型"武器"投放战场，然而，没多长时间，更超级的耐药菌出现了，有的甚至"刀枪不入"。因此，人类和细菌之间的战斗可谓是一场旷日持久的拉锯战，似乎永远不会有终结，战争还在继续。

当鼠标滑过最后的句号，我如释重负，终于完成了。但我更希望热爱科学的读者在获知人和细菌的关系、人体对细菌的免疫作用、抗菌药物的作用以外，能感悟到人类和病原菌做斗争的漫漫长路是永不停息的。

钱秀萍